建设工程识图精讲 **100** 例系列

园林工程识图精讲 100 例

张红金　主编

中国计划出版社

图书在版编目（CIP）数据

园林工程识图精讲 100 例/张红金主编. —北京：中国计划
出版社，2015.12
（建设工程识图精讲 100 例系列）
ISBN 978-7-5182-0313-0

Ⅰ.①园…　Ⅱ.①张…　Ⅲ.①园林建筑－建筑制图－识别
Ⅳ.①TU986.4

中国版本图书馆 CIP 数据核字（2015）第 272791 号

建设工程识图精讲 100 例系列
园林工程识图精讲 100 例
张红金　主编

中国计划出版社出版
网址：www.jhpress.com
地址：北京市西城区木樨地北里甲 11 号国宏大厦 C 座 3 层
邮政编码：100038　电话：（010）63906433（发行部）
新华书店北京发行所发行
北京天宇星印刷厂印刷

787mm×1092mm　1/16　9.25 印张　222 千字
2016 年 1 月第 1 版　2016 年 1 月第 1 次印刷
印数 1—3000 册

ISBN 978-7-5182-0313-0
定价：25.00 元

园林工程识图精讲 100 例
编写组

主　编　张红金

参　编　蒋传龙　王　帅　张　进　褚丽丽

周　默　杨　柳　孙德弟　郭　闯

宋立音　刘美玲　崔玉辉　赵子仪

许　洁　徐书婧　左丹丹　李　杨

前　言

　　园林是一种有着明确构图意识的空间造型。园林设计以自然景观为基础，通过人为的艺术加工和工程施工等手段，将山、水、植物和建筑等园林要素组合、配置成为有机的整体，给人以赏心悦目的美的享受。其设计内容和施工方法，通常按一定的投影原理和园林专业知识，按照国家颁布的制图标准和规范表示在图纸上，称为园林工程制图。它是园林界的语言，将设计者的思想和要求比较直观地表达出来，人们通过读图可以形象地理解到设计者的设计意图和想象出其艺术效果。因此，我们组织编写了这本书。

　　本书根据《房屋建筑制图统一标准》（GB/T 50001—2010）、《建筑制图标准》（GB/T 50104—2010）、《风景园林图例图示标准》（CJJ 67—1995）等标准编写，主要包括园林工程识图基本规定、园林工程识图内容与方法、园林工程识图实例。本书采取先基础知识、后实例讲解的方法，具有逻辑性、系统性强、内容简明实用、重点突出等特点。本书可供园林工程设计、施工等相关技术及管理人员使用，也可供园林工程相关专业的大中专院校师生学习参考使用。

　　本书在编写过程中参阅和借鉴了许多优秀书籍、专著和有关文献资料，并得到了有关领导和专家的帮助，在此一并致谢。由于作者的学识和经验所限，虽经编者尽心尽力但书中仍难免存在疏漏或未尽之处，敬请有关专家和读者予以批评指正。

编　者
2015 年 10 月

目　　录

1 园林工程识图基本规定

1.1 基本规定

1.1.1 图纸幅面与标题栏

1. 图纸幅面

1）图幅及图框尺寸应符合表 1-1 的规定及图 1-1～图 1-2 的格式。

表 1-1　幅面及图框尺寸　　　　（单位：mm）

尺寸代号＼图幅代号	A0	A1	A2	A3	A4
$b \times l$	841×1189	594×841	420×594	297×420	210×297
c	10			5	
a	25				

注：表中 b 为幅面短边尺寸，l 为幅面长边尺寸，c 为图框线与幅面线间宽度，a 为图框线与装订边间宽度。

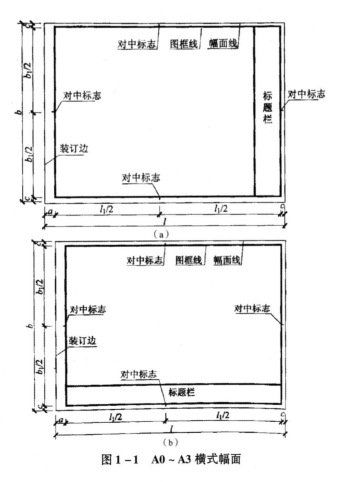

图 1-1　A0～A3 横式幅面

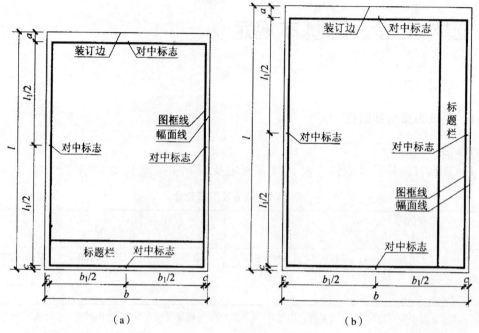

图1-2　A0~A4立式幅面

2）需要微缩复制的图纸，其一个边上应附有一段准确米制尺度，四个边上均附有对中标志，米制尺度的总长应为100mm，分格应为10mm。对中标志应画在图纸内框各边长的中点处，线宽0.35mm，并应伸入内框边，在框外为5mm。对中标志的线段，于l_1和b_1范围取中。

3）图纸的短边尺寸不应加长，A0~A3幅面长边尺寸可加长，但应符合表1-2的规定。

表1-2　图纸长边加长尺寸　　　　　　　　　　　　　（单位：mm）

幅面代号	长边尺寸	长边加长后的尺寸
A0	1189	1486（A0+1/4l）　1635（A0+3/8l）　1783（A0+1/2l） 1932（A0+5/8l）　2080（A0+3/4l）　2230（A0+7/8l）　2378（A0+l）
A1	841	1051（A1+1/4l）　1261（A1+1/2l）　1471（A1+3/4l）　1682（A1+l） 1892（A1+5/4l）　2102（A1+3/2l）
A2	594	743（A2+1/4l）　891（A2+1/2l）　1041（A2+3/4l）　1189（A2+l） 1338（A2+5/4l）　1486（A2+3/2l）　1635（A2+7/4l）　1783（A2+2l） 1932（A2+9/4l）　2080（A2+5/2l）
A3	420	630（A3+1/2l）　841（A3+l）　1051（A3+3/2l）　1261（A3+2l） 1471（A3+5/2l）　1682（A3+3l）　1892（A3+7/2l）

注：有特殊需要的图纸，可采用$b×l$为841mm×891mm与1189mm×1261mm的幅面。

4）图纸以短边作为垂直边应为横式，以短边作水平边应为立式。A0～A3 图纸宜横式使用；必要时，也可立式使用。

5）一个工程设计中，每个专业所使用的图纸，不宜多于两种幅面，不含目录及表格所采用的 A4 幅面。

2. 标题栏

1）图纸中应有标题栏、图框线、幅面线、装订边线以及对中标志。图纸的标题栏及装订边的位置，应符合以下规定：

①横式使用的图纸应按图 1-1 的形式进行布置。

②立式使用的图纸应按图 1-2 的形式进行布置。

2）标题栏应符合图 1-3 的规定，根据工程的需要确定其尺寸、格式以及分区。签字栏应包括实名列和签名列，并应符合下列规定：

①涉外工程的标题栏内，各项主要内容的中文下方应附有译文，设计单位的上方或左方，应加"中华人民共和国"字样。

②在计算机制图文件中使用电子签名与认证时，应符合国家有关电子签名法的规定。

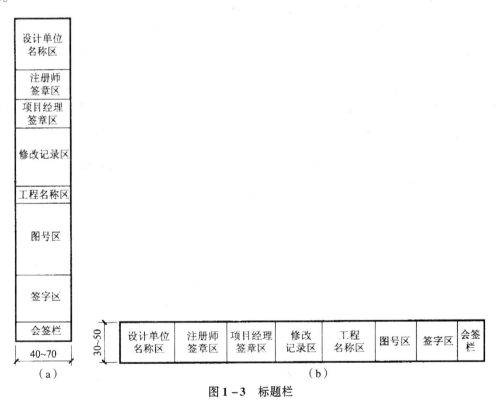

图 1-3　标题栏

1.1.2　图线

1）图线的宽度 b，宜从 1.4mm、1.0mm、0.7mm、0.5mm、0.35mm、0.25mm、0.18mm、0.13mm 线宽系列中选取。图线宽度不应小于 0.1mm。每个图样，应根据复杂程序与比例大小，先选定基本线宽 b，再选用表 1-3 中相应的线宽组。

表1-3　线宽组 （单位：mm）

线宽比	线　宽　组			
b	1.4	1.0	0.7	0.5
$0.7b$	1.0	0.7	0.5	0.35
$0.5b$	0.7	0.5	0.35	0.25
$0.25b$	0.35	0.25	0.18	0.13

注：1. 需要缩微的图纸，不宜采用0.18mm及更细的线宽。

　　2. 同一张图纸内，各不同线宽中的细线，可统一采用较细的线宽组的细线。

2）工程建设制图应选用表1-4所示的图线。

表1-4　工程建设制图选用的图线

名　称		线型	线宽	一　般　用　途
实线	粗		b	主要可见轮廓线
	中粗		$0.7b$	可见轮廓线
	中		$0.5b$	可见轮廓线、尺寸线、变更云线
	细		$0.25b$	图例填充线、家具线
虚线	粗		b	见各有关专业制图标准
	中粗		$0.7b$	不可见轮廓线
	中		$0.5b$	不可见轮廓线、图例线
	细		$0.25b$	图例填充线、家具线
单点长画线	粗		b	见各有关专业制图标准
	中		$0.5b$	见各有关专业制图标准
	细		$0.25b$	中心线、对称线、轴线等
双点长画线	粗		b	见各有关专业制图标准
	中		$0.5b$	见各有关专业制图标准
	细		$0.25b$	假象轮廓线、成型前原始轮廓线
折断线			$0.25b$	断开界线
波浪线			$0.25b$	断开界线

3）同一张图纸内，相同比例的各图样，应选用相同的线宽组。

4）图纸的图框和标题栏线可采用表1-5的线宽。

表1-5　图框和标题栏线的宽度 （单位：mm）

幅面代号	图框线	标题栏外框线	标题栏分格线
A0、A1	b	$0.5b$	$0.25b$
A2、A3、A4	b	$0.7b$	$0.35b$

5）相互平行的图例线，其净间隙或线中间隙不宜小于 0.2mm。

6）虚线、单点长画线或双点长画线的线段长度和间隔，宜各自相等。

7）单点长画线或双点长画线，当在较小图形中绘制有困难时，可用实线代替。

8）单点长画线或双点长画线的两端，不应是点。点画线与点画线交接点或点画线与其他图线交接时，应是线段交接。

9）虚线与虚线交接或虚线与其他图线交接时，应是线段交接。虚线为实线的延长线时，不得与实线相接。

10）图线不得与文字、数字或符号重叠、混淆，不可避免时，应首先保证文字的清晰。

1.1.3　字体

1）图纸上所需书写的文字、数字或符号等，均应笔画清晰、字体端正、排列整齐；标点符号应清楚正确。

2）文字的字高应从表 1-6 中选用。字高大于 10mm 的文字宜采用 True type 字体，当需书写更大的字时，其高度应按 $\sqrt{2}$ 的倍数递增。

表 1-6　文字的字高　　　　　　　（单位：mm）

字体种类	中文矢量字体	True type 字体及非中文矢量字体
字高	3.5、5、7、10、14、20	3、4、6、8、10、14、20

3）图样及说明中的汉字，宜采用长仿宋体或黑体，同一图纸字体种类不应超过两种。长仿宋体的高宽关系应符合表 1-7 的规定，黑体字的宽度与高度应相同。大标题、图册封面、地形图等的汉字，也可书写成其他字体，但应易于辨认。

表 1-7　长仿宋字高宽关系　　　　　（单位：mm）

字高	20	14	10	7	5	3.5
字宽	14	10	7	5	3.5	2.5

4）汉字的简化字书写应符合国家有关汉字简化方案的规定。

5）图样及说明中的拉丁字母、阿拉伯数字与罗马数字，宜采用单线简体或 ROMAN 字体。拉丁字母、阿拉伯数字与罗马数字的书写规则，应符合表 1-8 的规定。

表 1-8　拉丁字母、阿拉伯数字与罗马数字的书写规则

书　写　格　式	字　　　体	窄　字　体
大写字母高度	h	h
小写字母高度（上下均无延伸）	$7/10h$	$10/14h$
小写字母伸出的头部或尾部	$3/10h$	$4/14h$
笔画宽度	$1/10h$	$1/14h$
字母间距	$2/10h$	$2/14h$
上下行基准线的最小间距	$15/10h$	$21/14h$
词间距	$6/10h$	$6/14h$

6）拉丁字母、阿拉伯数字与罗马数字，当需写成斜体字时，其斜度应是从字的底线逆时针向上倾斜75°。斜体字的高度和宽度应与相应的直体字相等。

7）拉丁字母、阿拉伯数字与罗马数字的字高，不应小于2.5mm。

8）数量的数值注写，应采用正体阿拉伯数字。各种计量单位凡前面有量值的，均应采用国家颁布的单位符号注写。单位符号应采用正体字母。

9）分数、百分数和比例数的注写，应采用阿拉伯数字和数学符号。

10）当注写的数字小于1时，应写出各位的"0"，小数点应采用圆点，齐基准线书写。

11）长仿宋汉字、拉丁字母、阿拉伯数字与罗马数字示例应符合现行国家标准《技术制图——字体》（GB/T 14691—1993）的有关规定。

1.1.4 比例

1）图样的比例，应为图形与实物相对应的线性尺寸之比。

2）比例的符号应为"："，比例应以阿拉伯数字表示。

3）比例宜注写在图名的右侧，字的基准线应取平；比例的字高宜比图名的字高小一号或二号（图1-4）。

平面图 1:100 ⑥ 1:20

图1-4 比例的注写

4）绘图所用的比例应根据图样的用途与被绘对象的复杂程度，从表1-9中选用，并应优先采用表中常用比例。

表1-9 绘图所用的比例

常用比例	1:1、1:2、1:5、1:10、1:20、1:30、1:50、1:100、1:150、1:200、1:500、1:1000、1:2000
可用比例	1:3、1:4、1:6、1:15、1:25、1:40、1:60、1:80、1:250、1:300、1:400、1:600、1:5000、1:10000、1:20000、1:50000、1:100000、1:200000

5）一般情况下，一个图样应选用一种比例。根据专业制图需要，同一图样可选用两种比例。

6）特殊情况下也可自选比例，这时除应注出绘图比例外，还应在适当位置绘制出相应的比例尺。

1.1.5 符号

1. 剖切符号

1）剖视的剖切符号应由剖切位置线及剖视方向线组成，均应以粗实线绘制。剖视的剖切符号应符合下列规定：

①剖切位置线的长度宜为6~10mm；剖视方向线应垂直于剖切位置线，长度应短于

剖切位置线，宜为 4~6mm（图 1-5），也可采用国际统一和常用的剖视方法，如图1-6。绘制时，剖视剖切符号不应与其他图线相接触。

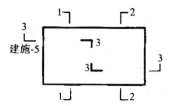

图 1-5 剖视的剖切符号 （一）

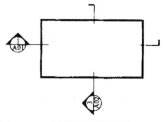

图 1-6 剖视的剖切符号 （二）

②剖视剖切符号的编号宜采用粗阿拉伯数字，按剖切顺序由左至右、由下向上连续编排，并应注写在剖视方向线的端部。

③需要转折的剖切位置线，应在转角的外侧加注与该符号相同的编号。

④建（构）筑物剖面图的剖切符号应注在 ±0.000 标高的平面图或首层平面图上。

⑤局部剖面图（不含首层）的剖切符号应注在包含剖切部位的最下面一层的平面图上。

2）断面的剖切符号应符合下列规定：

①断面的剖切符号应只用剖切位置线表示，并应以粗实线绘制，长度宜为 6~10mm。

②断面剖切符号的编号宜采用阿拉伯数字，按顺序连续编排，并应注写在剖切位置线的一侧；编号所在的一侧应为该断面的剖视方向（图 1-7）。

图 1-7 断面的剖切符号

3）剖面图或断面图，当与被剖切图样不在同一张图内，应在剖切位置线的另一侧注明其所在图纸的编号，也可以在图上集中说明。

2. 索引符号与详图符号

1）图样中的某一局部或构件，如需另见详图，应以索引符号索引，如图 1-8（a）所示。索引符号是由直径为 8~10mm 的圆和水平直径组成，圆及水平直径应以细实线绘制。索引符号应按下列规定编写：

①索引出的详图，如与被索引的详图同在一张图纸内，应在索引符号的上半圆中用阿拉伯数字注明该详图的编号，并在下半圆中间画一段水平细实线，如图1-8（b）所示。

②索引出的详图，如与被索引的详图不在同一张图纸内，应在索引符号的上半圆中用阿拉伯数字注明该详图的编号，在索引符号的下半圆用阿拉伯数字注明该详图所在图纸的编号，如图1-8（c）所示。数字较多时，可加文字标注。

③索引出的详图，如采用标准图，应在索引符号水平直径的延长线上加注该标准图集的编号，如图1-8（d）所示。需要标注比例时，文字在索引符合右侧或延长线下方，与符号下对齐。

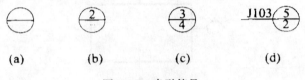

图1-8　索引符号

2）索引符号当用于索引剖视详图，应在被剖切的部位绘制剖切位置线，并以引出线引出索引符号，引出线所在的一侧应为剖视方向，索引符号的编号同上，如图1-9所示。

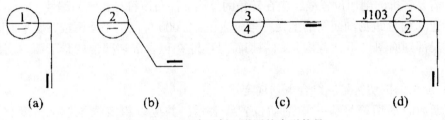

图1-9　用于索引剖面详图的索引符号

3）零件、钢筋、杆件、设备等的编号宜以直径为5~6mm的细实线圆表示，同一图样应保持一致，其编号应用阿拉伯数字按顺序编写，如图1-10所示。消火栓、配电箱、管井等的索引符号，直径宜为4~6mm。

图1-10　零件、钢筋等的编号

4）详图的位置和编号应以详图符号表示。详图符号的圆应以直径为14mm的粗实线绘制。详图编号应符合下列规定：

①详图与被索引的图样同在一张图纸内时，应在详图符号内用阿拉伯数字注明该详图的编号，如图1-11所示。

图1-11　与被索引图样同在一张图纸内的详图符号

②详图与被索引的图样不在同一张图纸内时，应用细实线在详图符号内画一水平直径，在上半圆中注明详图编号，在下半圆中注明被索引的图纸的编号，如图 1 – 12 所示。

图 1 – 12　与被索引图样不在同一张图纸内的详图符号

3. 引出线

1）引出线应以细实线绘制，宜采用水平方向的直线、与水平方向成 30°、45°、60°、90° 的直线，或经上述角度再折为水平线。文字说明宜注写在水平线的上方，如图 1 – 13（a）所示，也可注写在水平线的端部，如图 1 – 13（b）所示。索引详图的引出线，应与水平直径线相连接，如图 1 – 13（c）所示。

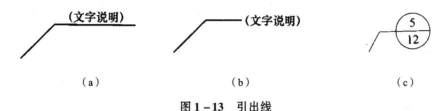

图 1 – 13　引出线

2）同时引出的几个相同部分的引出线，宜互相平行，如图 1 – 14（a）所示，也可画成集中于一点的放射线，如图 1 – 14（b）所示。

图 1 – 14　共用引出线

3）多层构造或多层管道共用引出线，应通过被引出的各层，并用圆点示意对应各层次。文字说明宜注写在水平线的上方，或注写在水平线的端部，说明的顺序应由上至下，并应与被说明的层次对应一致；如层次为横向排序，则由上至下的说明顺序应与由左至右的层次对应一致，如图 1 – 15 所示。

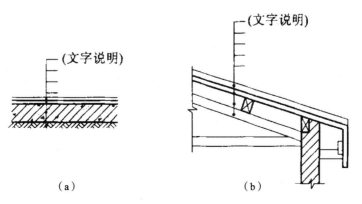

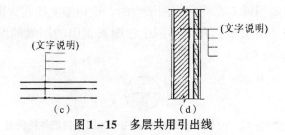

图 1 - 15　多层共用引出线

4. 其他符号

1）对称符号由对称线和两端的两对平行线组成。对称线用细单点长画线绘制；平行线用细实线绘制，其长度宜为 6~10mm，每对的间距宜为 2~3mm；对称线垂直平分于两对平行线，两端超出平行线宜为 2~3mm，如图 1-16 所示。

图 1 - 16　对称符号

2）连接符号应以折断线表示需连接的部位。两部位相距过远时，折断线两端靠图样一侧应标注大写拉丁字母表示连接编号。两个被连接的图样应用相同的字母编号，如图 1-17 所示。

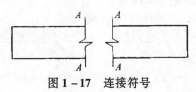

图 1 - 17　连接符号

3）指北针的形状符合图 1-18 的规定，其圆的直径宜为 24mm，用细实线绘制；指针尾部的宽度宜为 3mm，指针头部应注"北"或"N"字。需用较大直径绘制指北针时，指针尾部的宽度宜为直径的 1/8。

图 1 - 18　指北针

4）对图纸中局部变更部分宜采用云线，并宜注明修改版次，如图 1-19 所示。

图 1 - 19　变更云线

注：1 为修改次数

1.1.6 定位轴线

1）定位轴线应用细单点长画线绘制。

2）定位轴线应编号，编号应注写在轴线端部的圆内。圆应用细实线绘制，直径为8～10mm。定位轴线圆的圆心应在定位轴线的延长线上或延长线的折线上。

3）除较复杂需采用分区编号或圆形、折线形外，平面图上定位轴线的编号，宜标注在图样的下方或左侧。横向编号应用阿拉伯数字，从左至右顺序编写；竖向编号应用大写拉丁字母，从下至上顺序编写，如图1－20所示。

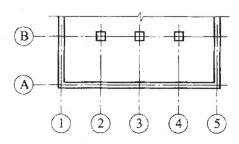

图1－20 定位轴线的编号顺序

4）拉丁字母作为轴线号时，应全部采用大写字母，不应用同一个字母的大小写来区分轴线号。拉丁字母的I、O、Z不得用做轴线编号。当字母数量不够使用，可增用双字母或单字母加数字注脚。

5）组合较复杂的平面图中定位轴线也可采用分区编号（图1－21）。编号的注写形式应为"分区号——该分区编号"。"分区号——该分区编号"采用阿拉伯数字或大写拉丁字母表示。

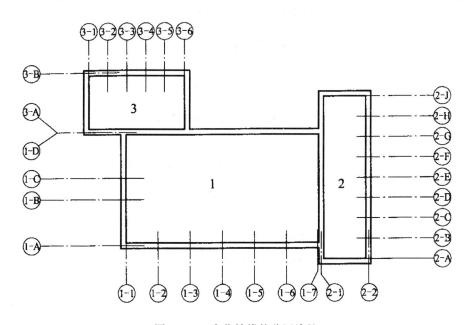

图1－21 定位轴线的分区编号

6）附加定位轴线的编号，应以分数形式表示，并应符合下列规定：

①两根轴线的附加轴线，应以分母表示前一轴线的编号，分子表示附加轴线的编号。编号宜用阿拉伯数字顺序编写。

②1号轴线或A号轴线之前的附加轴线的分母应以01或0A表示。

7）一个详图适用于几根轴线时，应同时注明各有关轴线的编号，如图1-22所示。

图1-22 详图的轴线编号

8）通用详图中的定位轴线，应只画圆，不注写轴线编号。

9）圆形与弧形平面图中的定位轴线，其径向轴线应以角度进行定位，其编号宜用阿拉伯数字表示，从左下角或-90°（若径向轴线很密，角度间隔很小）开始，按逆时针顺序编写；其环向轴线宜用大写阿拉伯字母表示，从外向内顺序编写（图1-23、图1-24）。

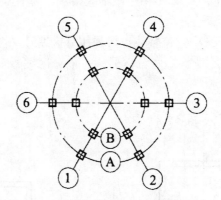

图1-23 圆形平面定位轴线的编号

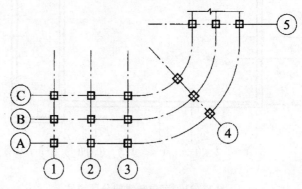

图1-24 弧形平面定位轴线的编号

10）折线形平面图中定位轴线的编号可按图1-25的形式编写。

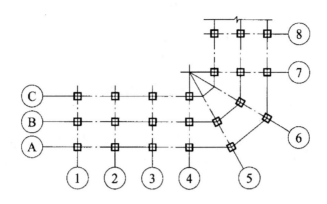

图1-25　折线形平面定位轴线的编号

1.1.7　尺寸标注

1. 尺寸界线、尺寸线及尺寸起止符号

1）图样上的尺寸，应包括尺寸界线、尺寸线、尺寸起止符号和尺寸数字（图1-26）。

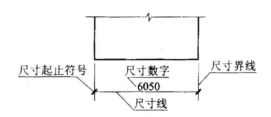

图1-26　尺寸的组成

2）尺寸界线应用细实线绘制，应与被注长度垂直，其一端应离开图样轮廓线不应小于2mm，另一端宜超出尺寸线2~3mm。图样轮廓线可用作尺寸界线（图1-27）。

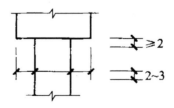

图1-27　尺寸界限

3）尺寸线应用细实线绘制，应与被注长度平行。图样本身的任何图线均不得用作尺寸线。

4）尺寸起止符号用中粗斜短线绘制，其倾斜方向应与尺寸界线成顺时针45°角，长度宜为2~3mm。半径、直径、角度与弧长的尺寸起止符号，宜用箭头表示（图1-28）。

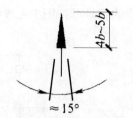

图1-28　箭头尺寸起止符号

2. 尺寸数字

1）图样上的尺寸，应以尺寸数字为准，不得从图上直接量取。

2）图样上的尺寸单位，除标高及总平面以米为单位外，其他必须以毫米为单位。

3）尺寸数字的方向，应按图1-29（a）的规定注写。若尺寸数字在30°斜线区内，也可按图1-29（b）的形式注写。

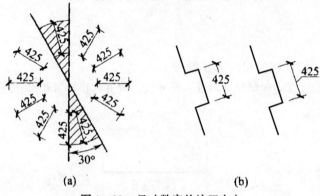

图1-29　尺寸数字的注写方向

4）尺寸数字应依据其方向注写在靠近尺寸线的上方中部。如没有足够的注写位置，最外边的尺寸数字可注写在尺寸界线的外侧，中间相邻的尺寸数字可上下错开注写，引出线端部用圆点表示标注尺寸的位置（图1-30）。

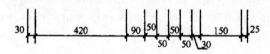

图1-30　尺寸数字的注写位置

3. 尺寸的排列与布置

1）尺寸宜标注在图样轮廓以外，不宜与图线、文字及符号等相交（图1-31）。

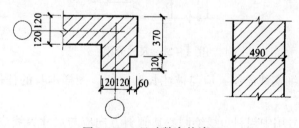

图1-31　尺寸数字的注写

2）互相平行的尺寸线，应从被注写的图样轮廓线由近向远整齐排列，较小尺寸应离轮廓线较近，较大尺寸应离轮廓线较远（图1-32）。

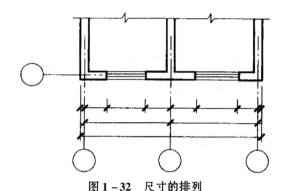

图1-32 尺寸的排列

3）图样轮廓线以外的尺寸界线，距图样最外轮廓之间的距离，不宜小于10mm。平行排列的尺寸线的间距，宜为7~10mm，并应保持一致（图1-32）。

4）总尺寸的尺寸界线应靠近所指部位，中间的分尺寸的尺寸界线可稍短，但其长度应相等（图1-32）。

4. 半径、直径、球的尺寸标注

1）半径的尺寸线应一端从圆心开始，另一端画箭头指向圆弧。半径数字前应加注半径符号"R"（图1-33）。

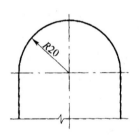

图1-33 半径标注方法

2）较小圆弧的半径，可按图1-34形式标注。

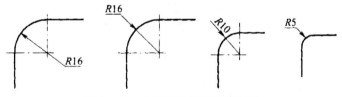

图1-34 小圆弧半径的标注方法

3）较大圆弧的半径，可按图1-35形式标注。

图1-35 大圆弧半径的标注方法

4）标注圆的直径尺寸时，直径数字前应加直径符号"φ"。在圆内标注的尺寸线应通过圆心，两端画箭头指至圆弧（图1-36）。

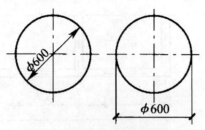

图1-36 圆直径的标注方法

5）较小圆的直径尺寸，可标注在圆外（图1-37）。

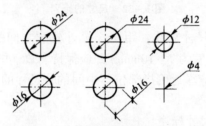

图1-37 小圆直径的标注方法

6）标注球的半径尺寸时，应在尺寸前加注符号"SR"。标注球的直径尺寸时，应在尺寸数字前加注符号"Sφ"。注写方法与圆弧半径和圆直径的尺寸标注方法相同。

5. 角度、弧度、弧长的标注

1）角度的尺寸线应以圆弧表示。该圆弧的圆心应是该角的顶点，角的两条边为尺寸界线。起止符号应以箭头表示，如没有足够位置画箭头，可用圆点代替，角度数字应沿尺寸线方向注写（图1-38）。

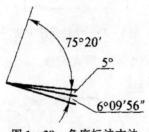

图1-38 角度标注方法

2）标注圆弧的弧长时，尺寸线应以与该圆弧同心的圆弧线表示，尺寸界线应指向圆心，起止符号用箭头表示，弧长数字上方应加注圆弧符号"⌒"（图1-39）。

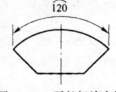

图1-39 弧长标注方法

3）标注圆弧的弦长时，尺寸线应以平行于该弦的直线表示，尺寸界线应垂直于该弦，起止符号用中粗斜短线表示（图1-40）。

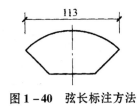

图1-40　弦长标注方法

6. 薄板厚度、正方形、坡度、非圆曲线等尺寸标注

1）在薄板板面标注板厚尺寸时，应在厚度数字前加厚度符号"*t*"（图1-41）。

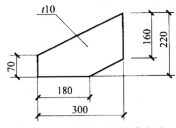

图1-41　薄板厚度标注方法

2）标注正方形的尺寸，可用"边长×边长"的形式，也可在边长数字前加正方形符号"□"（图1-42）。

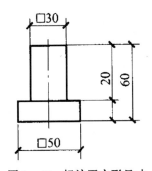

图1-42　标注正方形尺寸

3）标注坡度时，应加注坡度符号"←"（图1-43a、b），该符号为单面箭头，箭头应指向下坡方向。坡度也可用直角三角形形式标注（图1-43c）。

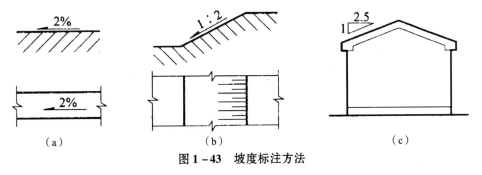

| （a） | （b） | （c） |

图1-43　坡度标注方法

4）外形为非圆曲线的构件，可用坐标形式标注尺寸（图1-44）。

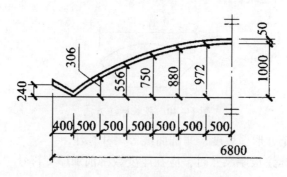

图1-44　坐标法标注曲线尺寸

5）复杂的图形，可用网格形式标注尺寸（图1-45）。

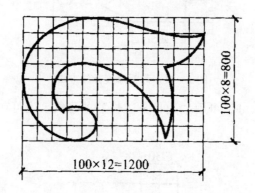

图1-45　网格法标注曲线尺寸

7. 尺寸的简化标注

1）杆件或管线的长度，在单线图（桁架简图、钢筋简图、管线简图）上，可直接将尺寸数字沿杆件或管线的一侧注写（图1-46）。

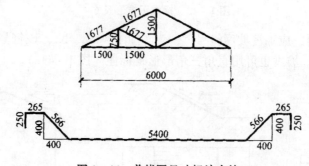

图1-46　单线图尺寸标注方法

2）连续排列的等长尺寸，可用"等长尺寸×个数=总长"（图1-47a）或"等分×个数=总长"（图1-47b）的形式标注。

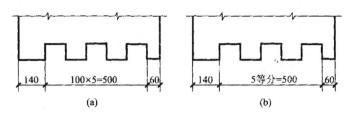

图 1-47 等长尺寸简化标注方法

3）构配件内的构造因素（如孔、槽等）如相同，可仅标注其中一个要素的尺寸（图 1-48）。

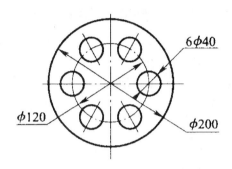

图 1-48 相同要素尺寸标注方法

4）对称构配件采用对称省略画法时，该对称构配件的尺寸线应略超过对称符号，仅在尺寸线的一端画尺寸起止符号，尺寸数字应按整体全尺寸注写，其注写位置宜与对称符号对齐（图 1-49）。

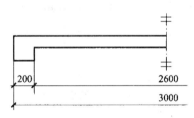

图 1-49 对称构件尺寸标注方法

5）两个构配件，如个别尺寸数字不同，可在同一图样中将其中一个构配件的不同尺寸数字注写在括号内，该构配件的名称也应注写在相应的括号内（图 1-50）。

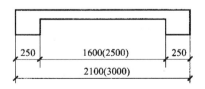

图 1-50 相似构件尺寸标注方法

6）数个构配件，如仅某些尺寸不同，这些有变化的尺寸数字，可用拉丁字母注写在同一图样中，另列表格写明其具体尺寸（图 1-51）。

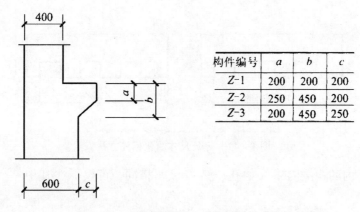

构件编号	a	b	c
Z-1	200	200	200
Z-2	250	450	200
Z-3	200	450	250

图1-51 相似构配件尺寸表格式标注方法

8. 标高

1）标高符号应以直角等腰三角形表示，按图1-52（a）所示形式用细实线绘制，当标注位置不够，也可按图1-52（b）所示形式绘制。标高符号的具体画法应符合图1-52（c）、（d）的规定。

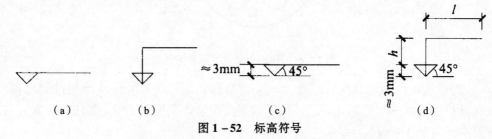

图1-52 标高符号

l—取适当长度注写标高数字；h—根据需要取适当高度

2）总平面图室外地坪标高符号，宜用涂黑的三角形表示，具体画法应符合图1-53的规定。

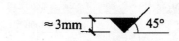

图1-53 总平面图室外地坪标高符号

3）标高符号的尖端应指至被注高度的位置。尖端宜向下，也可向上。标高数字应注写在标高符号的上侧或下侧，如图1-54所示。

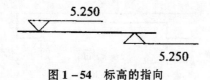

图1-54 标高的指向

4）标高数字应以米为单位，注写到小数点以后第三位。在总平面图中，可注写到小数字点以后第二位。

5）零点标高应注写成±0.000，正数标高不注"+"，负数标高应注"-"，例如

3.000、 -0.600 。

6）在图样的同一位置需表示几个不同标高时，标高数字可按图 1 - 55 的形式注写。

9.600
6.400
3.200

图 1 - 55 同一位置注写多个标高数字

1.2 园林工程常用图例

1.2.1 园林景观绿化图例

园林景观绿化图例见表 1 - 10。

表 1 - 10 园林景观绿化图例

序号	名 称	图 例	备 注
1	常绿针叶乔木		—
2	落叶针叶乔木		—
3	常绿阔叶乔木		—
4	落叶阔叶乔木		—
5	常绿阔叶灌木		—
6	落叶阔叶灌木		—
7	落叶阔叶乔木林		—
8	常绿阔叶乔木林		—

续表 1－10

序号	名　称	图　例	备　注
9	常绿针叶乔木林		—
10	落叶针叶乔木林	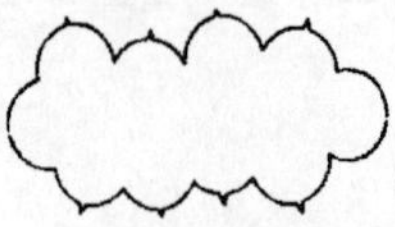	—
11	针阔混交林		—
12	落叶灌木林	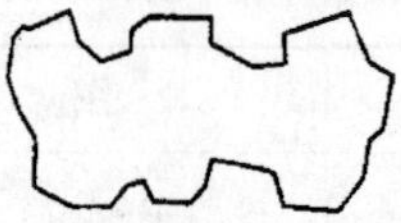	—
13	整形绿篱		—
14	草坪	1. 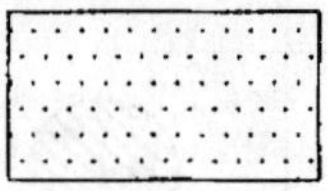 2. 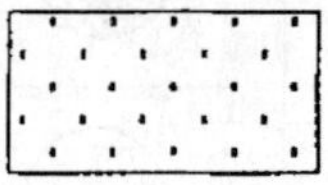 3. 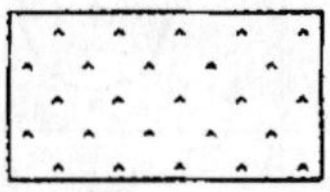	1. 草坪 2. 表示自然草坪 3. 表示人工草坪
15	花卉		—
16	竹丛	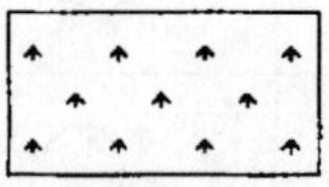 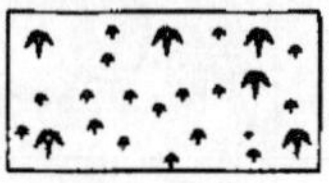	—
17	棕榈植物		—

续表 1-10

序号	名　称	图　例	备　注
18	水生植物	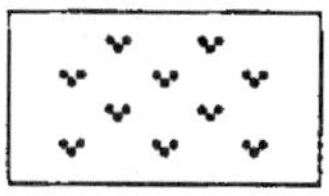	—
19	植草砖		—
20	土石假山	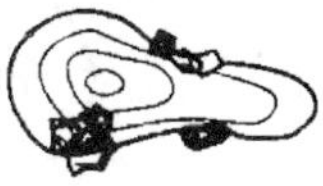	包括"土包石"、"石抱土"及假山
21	独立景石		—
22	自然水体		表示河流以箭头表示水流方向
23	人工水体		—
24	喷泉	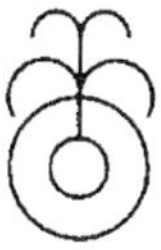	—

1.2.2 风景名胜区与城市绿地系统规划图例

1）地界图例宜按表 1-11 采用。

表 1-11　地界图例

序号	名　称	图　例	说　明
1	风景名胜区（国家公园），自然保护区等界		—
2	景区、功能分区界		—
3	外围保护地带界		—
4	绿地界		用中实线表示

2）景点、景物的图例宜按表1－12采用。

表1－12　景点、景物的图例

序号	名　称	图　例	说　明
1	景点	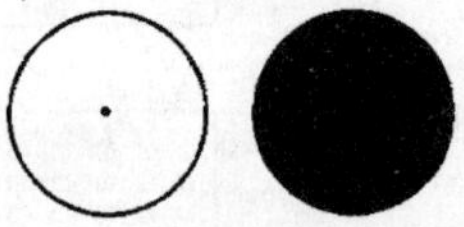	各级景点依照圆的大小相区别 左图为现状景点 右图为规划景点
2	古建筑		2～29 所列图例宜供宏观规划时用，其不反映实际地形及形态。需区分现状与规划时，可用单线圆表示现状景点、景物，双线圆表示规划景点、景物
3	塔		
4	宗教建筑 （佛教、道教、基督教……）		
5	牌坊、牌楼		
6	桥		—
7	城墙		—
8	墓、墓园		—
9	文化遗址	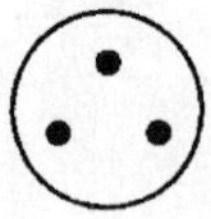	—
10	摩崖石刻	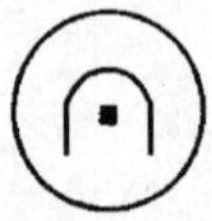	—

续表 1－12

序号	名　　称	图　　例	说　　明
11	古井	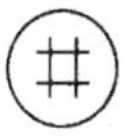	—
12	山岳		—
13	孤峰		—
14	群峰		—
15	岩洞		也可表示地下人工景点
16	峡谷		—
17	奇石、礁石		—
18	陡崖		—
19	瀑布		—
20	泉		—
21	温泉		—
22	湖泊	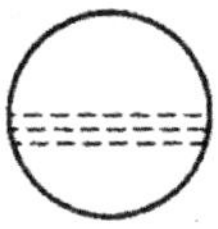	—

续表 1 – 12

序号	名　称	图　例	说　明
23	海滩		溪滩也可用此图例
24	古树名木		—
25	森林		—
26	公园		—
27	动物园		—
28	植物园		—
29	烈士陵园		—

3) 服务设施的图例宜按表 1 – 13 采用。

表 1 – 13　服务设施图例

序号	名　称	图　例	说　明
1	服务设施点	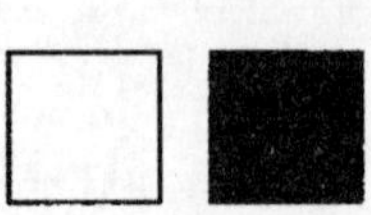	各级服务设施可依方形大小相区别,左图为现状设施,右图为规划设施

续表 1－13

序号	名　称	图　例	说　明
2	公共汽车站	 ⊙	2～23 所列图例宜供宏观规划时用，其不反映实际地形及形态。需区分现状与规划时，可用单线方框表示现状设施，双线方框表示规划设施
3	火车站	 ⬛	
4	飞机场	 ✈	
5	码头、港口	 ⚓	
6	缆车站	 ⛩	—
7	停车场	 P ⸢P⸣	室内停车场外框用虚线表示
8	加油站	 ⛽	—
9	医疗设施点	▰	—
10	公共厕所	 W.C.	—
11	文化娱乐点	 ✂	—
12	旅游宾馆	 ⬆	—
13	度假村、休养所	 ⌂	—

续表 1 – 13

序号	名 称	图 例	说 明
14	疗养院		—
15	银行		包括储蓄所、信用社、证券公司等金融机构
16	邮电所（局）		—
17	公用电话点		包括公用电话亭、所、局等
18	餐饮点		—
19	风景区管理站（处、局）		—
20	消防站、消防专用房间	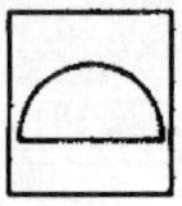	—
21	公安、保卫站		包括各级派出所、处、局等
22	气象站		—
23	野营地		—

4）运动游乐设施的图例宜按表 1 – 14 采用。

表 1 – 14　运动游乐设施图例

序号	名　称	图　例
1	天然游泳场	
2	水上运动场	
3	游乐场	
4	运动场	
5	跑马场	
6	赛车场	
7	高尔夫球场	

5）工程设施的图例宜按表 1 – 15 采用。

表 1 – 15　工程设施图例

序号	名　称	图　例	说　明
1	电视差转台		—
2	发电站		—
3	变电所		—

续表 1-15

序号	名　　称	图　例	说　　明
4	给水厂		—
5	污水处理厂		—
6	垃圾处理站		—
7	公路、汽车游览路		上图以双线表示，用中实线 下图以单线表示，用粗实线
8	小路、步行游览路		上图以双线表示，用细实线 下图以单线表示，用中实线
9	山地步游小路	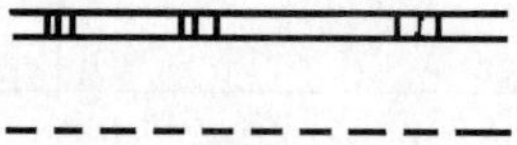	上图以双线加台阶表示，用细实线 下图以单线表示，用虚线
10	隧道		—
11	架空索道线		—
12	斜坡缆车线		—
13	高架轻轨线		—
14	水上游览线	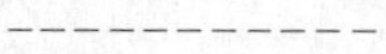	细虚线
15	架空电力电讯线	—○—代号—○—	粗实线中插入管线代号，管线代号按现行国家有关标准的规定标注
16	管线	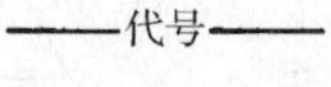 ——代号——	

6）用地类型图例见表 1 – 16。

表 1 – 16　用地类型图例

序号	名　称	图　例	说　明
1	村镇建设地	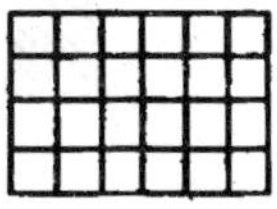	—
2	风景游览地	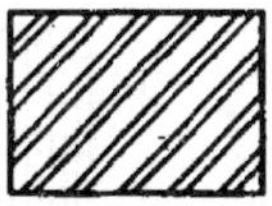	图中斜线与水平线呈 45°角
3	旅游度假地		—
4	服务设施地	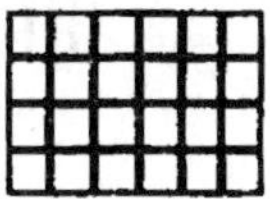	—
5	市政设施地		—
6	农业用地		—
7	游憩、观赏绿地	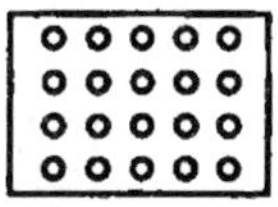	—
8	防护绿地		—
9	文物保护地	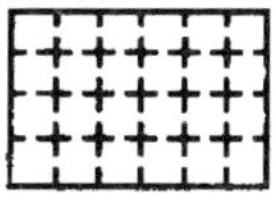	包括地面和地下两大类，地下文物保护地外框用粗虚线表示
10	苗圃花圃用地	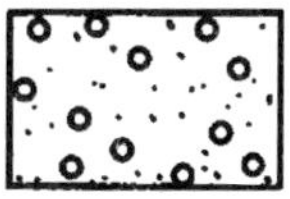	—

续表 1 - 16

序号	名 称	图 例	说 明
11	特殊用地		—
12	针叶林地		2～17 表示林地的线形图例中也可插入《国家基本比例尺地图图式 第1部分: 1:500, 1:1000, 1:2000 地形图图式》(GB/T 20257.1—2007) 的相应符号。需区分天然林地、人工林地时, 可用细线界框表示天然林地, 粗线界框表示人工林地
13	阔叶林地		
14	针阔混交林地		—
15	灌木林地	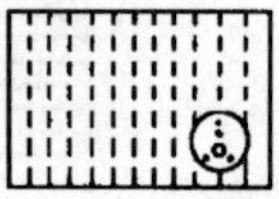	—
16	竹林地		—
17	经济林地	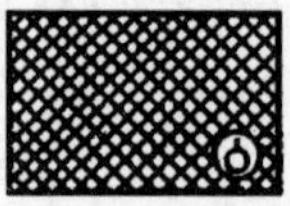	—
18	草原、草甸	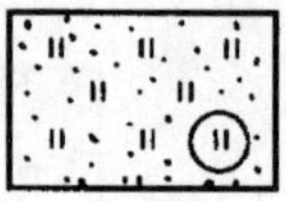	—

1.2.3 园林绿地规范设计图例

1）建筑图例宜按表 1 – 17 采用。

表 1 – 17　建筑图例

序号	名　称	图　例	说　明
1	规划的建筑物		用粗实线表示
2	原有的建筑物	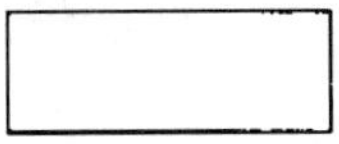	用细实线表示
3	规划扩建的预留地或建筑物		用中虚线表示
4	拆除的建筑物	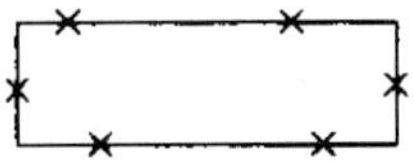	用细实线表示
5	地下建筑物		用粗虚线表示
6	坡屋顶建筑		包括瓦顶、石片顶、饰面砖顶等
7	草顶建筑或简易建筑		—
8	温室建筑	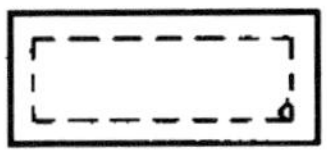	—

2）山石的图例宜按表 1 – 18 采用。

表 1 – 18　山石图例

序号	名　称	图　例	说　明
1	自然山石假山		—

续表 1−18

序号	名　称	图　例	说　明
2	人工塑石假山		—
3	土石假山	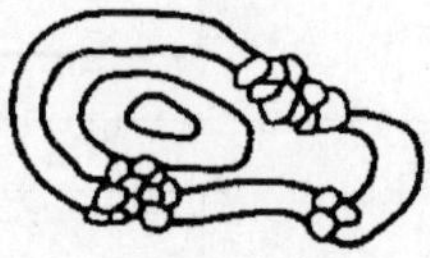	包括"土包石"、"石包石"及土假山
4	独立景石		—

3）水体的图例宜按表 1−19 采用。

表 1−19　水体图例

序号	名　称	图　例
1	自然形水体	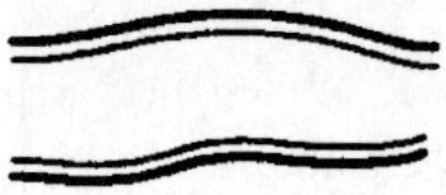
2	规则形水体	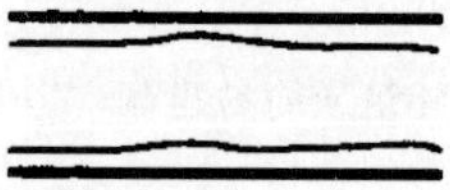
3	跌水、瀑布	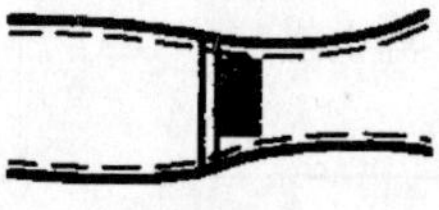
4	旱涧	
5	溪涧	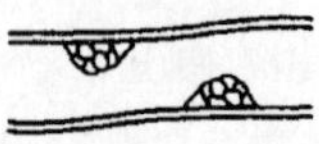

4）小品设施的图例宜按表1-20采用。

表1-20　小品设施图例

序号	名　　称	图　　例	说　　明
1	喷泉		
2	雕塑		
3	花台	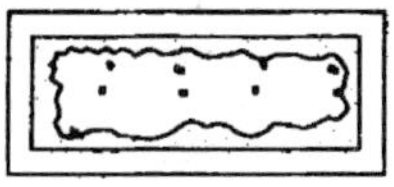	仅表示位置，不表示具体形态，以下同 　也可依据设计形态表示
4	座凳		
5	花架	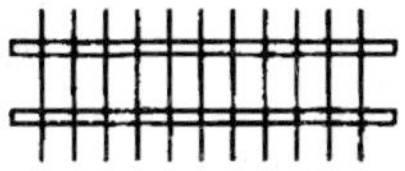	
6	围墙	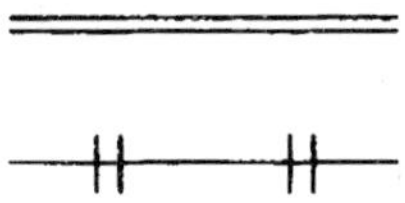	上图为实砌或漏空围墙 下图为栅栏或篱笆围墙
7	栏杆	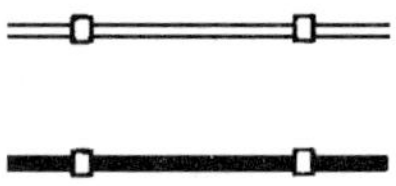	上图为非金属栏杆 下图为金属栏杆
8	园灯		—
9	饮水台	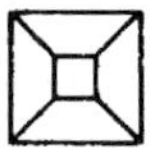	—
10	指示牌		—

5）工程设施的图例宜按表1-21采用。

表1-21 工程设施图例

序号	名　称	图　例	说　明
1	护坡	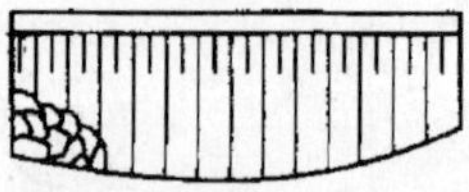	—
2	挡土墙	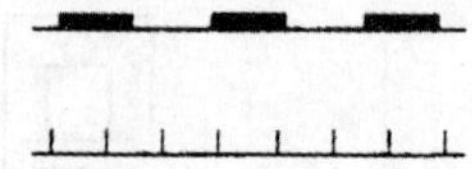	突出的一侧表示被挡土的一方
3	排水明沟	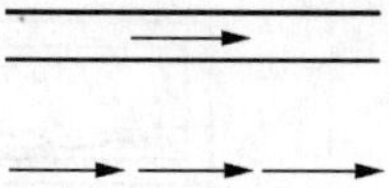	上图用于比例较大的图面 下图用于比例较小的图面
4	有盖的排水沟	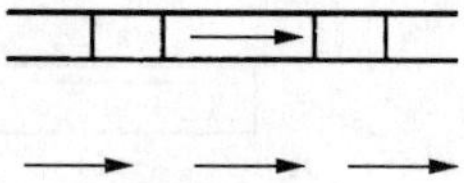	上图用于比例较大的图面 下图用于比例较小的图面
5	雨水井		—
6	消火栓井		—
7	喷灌点		—
8	道路	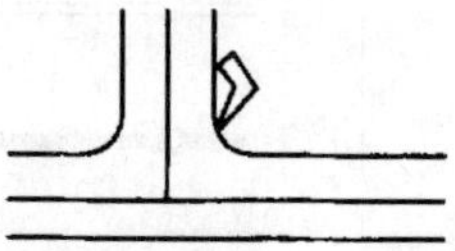	—
9	铺装路面		—
10	台阶		箭头指向表示向上
11	铺砌场地	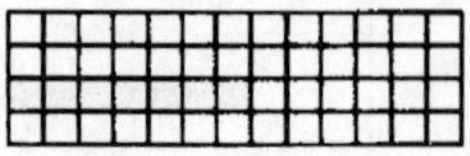	也可依据设计形态表示

续表 1-21

序号	名　称	图　例	说　明
12	车行桥	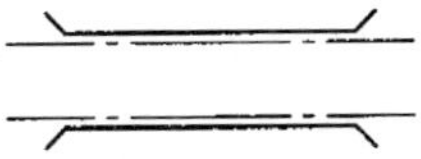	也可依据设计形态表示
13	人行桥	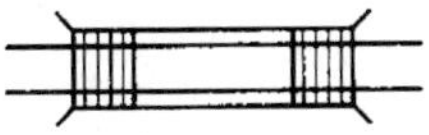	也可依据设计形态表示
14	亭桥	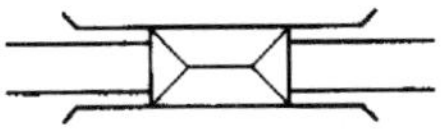	—
15	铁索桥		—
16	汀步	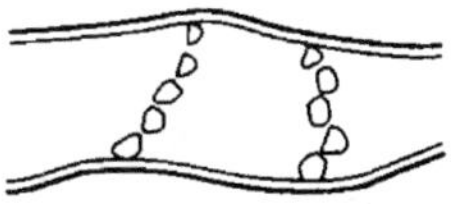	—
17	涵洞	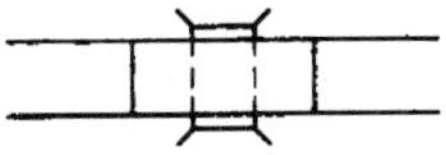	—
18	水闸	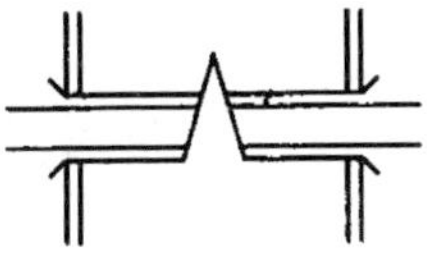	—
19	码头	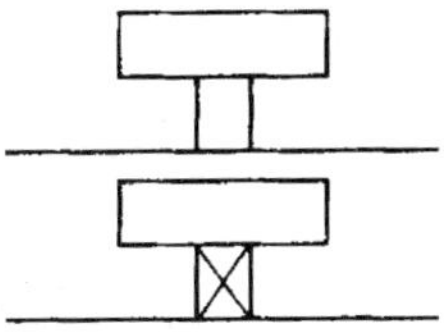	上图为固定码头 下图为浮动码头
20	驳岸	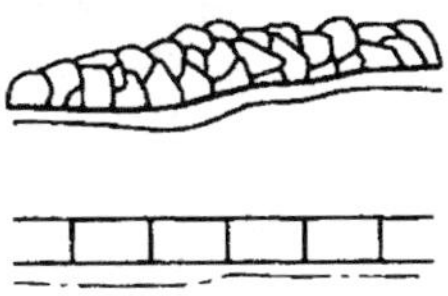	上图为假山石自然式驳岸 下图为整形砌筑规划式驳岸

6）绿化的图例宜按表 1 – 22 采用。

表 1 – 22　绿化图例

序号	名　　称	图　　例	说　　明
1	落叶阔叶乔木		1 ~ 14 中 落叶乔、灌灌均不填斜线 常绿乔、灌木加画 45°细斜线 阔叶树的外围线用弧裂形或圆形线 针叶树的外围线用锯齿形或斜刺形线 乔木外形成圆形 灌木外形成不规则形乔木图例中粗线小圆表示现有乔木，细线小十字表示设计乔木 灌木图例中黑点表示种植位置 凡大片树林可省略图例中的小圆、小十字及黑点
2	常绿阔叶乔木		
3	落叶针叶乔木		
4	常绿针叶乔木		
5	落叶灌木		
6	常绿灌木		
7	阔叶乔木疏林		—
8	针叶乔木疏林		常绿林或落叶林根据图面表现的需要加或不加 45°细斜线
9	阔叶乔木密林		—
10	针叶乔木密林		—
11	落叶灌木疏林		

续表 1-22

序号	名　　称	图　　例	说　　明
12	落叶花灌木疏林		—
13	常绿灌木密林	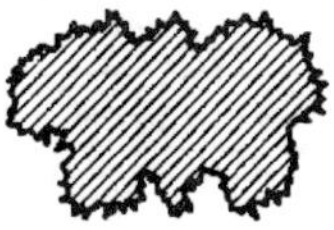	—
14	常绿花灌木密林	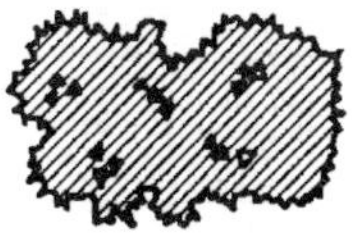	—
15	自然形绿篱		—
16	整形绿篱		—
17	镶边植物		—
18	一、二年生草本花卉	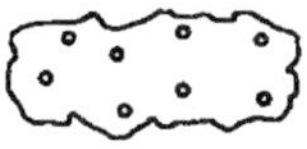	—
19	多年生及宿根草本花卉		—
20	一般草皮		—
21	缀花草皮	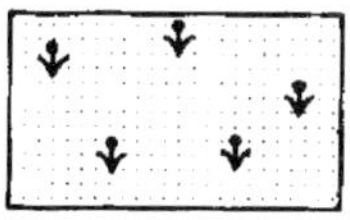	—
22	整形树木	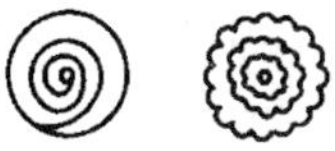	—
23	竹丛		—

续表 1 – 22

序号	名　称	图　例	说　明
24	棕榈植物	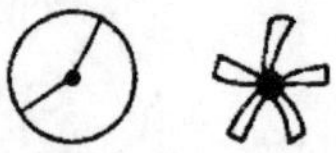	—
25	仙人掌植物		—
26	藤本植物		—
27	水生植物	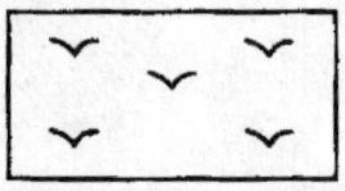	—

1.2.4　树干形态图例

1）枝干形态的图例见表 1 – 23。

表 1 – 23　枝干形态图例

序号	名　称	图　例
1	主轴干侧分枝形	
2	主轴干无分枝形	
3	无主轴干多枝形	
4	无主轴干垂枝形	

续表 1-23

序号	名　称	图　例
5	无主轴干丛生形	
6	无主轴干匍匐形	

2）树冠形态的图例宜按表 1-24 采用。

表 1-24　树冠形态图例

序号	名　称	图　例	说　明
1	圆锥形		树冠轮廓线，凡针叶树用锯齿形；凡阔叶树用弧裂形表示
2	椭圆形		—
3	圆球形		—
4	垂枝形		—
5	伞形		—
6	匍匐形		—

2 园林工程识图内容与方法

2.1 园林规划设计图

2.1.1 识图内容

1. 园林总体规划设计图

园林总体规划设计图简称为总平面图，表现园林规划范围内的各种造园要素的布局投影图，它主要包括园林设计总平面图、分区平面图和施工平面图。

总体规划设计图主要表现用地范围内园林总的设计意图，它能够反映出组成园林各要素的布局位置、平面尺寸以及平面关系。

一般情况下总体规划设计图所表现的内容包括以下几点：

1）规划用地的现状和范围。

2）对原有地形、地貌的改造和新的规划。注意在总体规划设计图上出现的等高线均表示设计地形，对原有地形不作表示。

3）依照比例表示出规划用地范围内各园林组成要素的位置和外轮廓线。

4）反映出规划用地范围内园林植物的种植位置。在总体规划设计图纸中园林植物只要求分清常绿、落叶、乔木、灌木即可，不要求表示出具体的种类。

5）绘制图例、比例尺、指北针或风玫瑰图。

2. 园林竖向设计图

竖向设计是园林总体规划设计的一项重要内容。竖向设计图是表示园林中各个景点、各种设施及地貌等在高程上的高低变化和协调统一的一种图样，主要表现地形、地貌、建筑物、植物和园林道路系统等各种造园要素的高程等内容，如地形现状及设计高程，建筑物室内控制标高，山石、道路、水体及出入口的设计高程，园路主要转折点、交叉点、变坡点的标高和纵坡坡度以及各景点的控制标高等。它是在原有地形的基础上，所绘制的一种工程技术图样。

3. 园林植物种植设计图

园林植物种植设计图是表示设计植物的种类、数量、规格、种植位置及类型和要求的平面图样。

园林植物种植设计图是用相应的平面图例在图纸上表示设计植物的种类、数量、规格以及园林植物的种植位置。通常还在图面上适当的位置，用列表的方式绘制苗木统计表，具体统计并详细说明设计植物的编号、图例、种类、规格（包括树干直径、高度或冠幅）和数量等。

植物种植设计图是植物种植施工、工程预结算、工程施工监理和验收的依据，它应能准确表达出种植设计的内容和意图。

2.1.2 识图方法

1. 园林总体规划设计图

园林总体规划设计图表明了一个区域范围内园林总体规划设计的内容，反映了组成园林各个部分之间的平面关系及长宽尺寸，是表现总体布局的图样。识图方法如下：

1) 看图名、比例、设计说明、风玫瑰图和指北针。根据图名、设计说明、指北针、比例和风玫瑰，可了解到总体规划设计的意图和工程性质、设计范围、工程的面积和朝向等基本概况，为进一步地了解图纸做好准备。

2) 看等高线和水位线。了解园林的地形和水体布置情况，从而对全园的地形骨架有一个基本的印象。

3) 看图例和文字说明。明确新建景物的平面位置，了解总体布局情况。

4) 看坐标或尺寸。根据坐标或尺寸查找施工放线的依据。

2. 园林竖向设计图

园林竖向设计图识图方法如下：

1) 看图名、比例、指北针、文字说明。了解工程名称、设计内容、工程所处方位和设计范围。

2) 看等高线及其高程标注。了解新设计地形的特点和原地形标高，了解地形高低变化及土方工程情况，并结合景观总体规划设计，分析竖向设计的合理性。并且根据新、旧地形高程变化，了解地形改造施工的基本要求和做法。

3) 看建筑、山石和道路标高情况。

4) 看排水方向。

5) 看坐标，确定施工放线依据。

3. 园林植物种植设计图

读种植设计图的主要目的是要明确绿化的目的与任务，了解种植植物的名称及种植的平面布局。识图方法如下：

1) 看标题栏、比例、风玫瑰图及设计说明，了解当地的主导风向，明确绿化工程的目的、性质与范围，了解绿化施工后应达到的效果。

2) 根据植物图例及注写说明、代号和苗木统计表，了解植物的种类、名称、规格和数量，并结合施工做法与技术要求，验核或编制预算。

3) 看植物种植位置及配置方法，分析设计方案是否合理，植物栽植位置与各种建筑构筑物和市政管线之间的距离（需另用图文表示）是否符合有关设计规范的规定。

4) 看植物的种植规格和定位尺寸，明确定点放线的基准。

2.2 园林建筑施工图

2.2.1 识图内容

1. 园林建筑平面图

建筑平面图主要表现建筑物内部空间的划分、房间名称、出入口的位置、墙体的位置、主要承重构件的位置、其他附属构件的位置，配合适当的尺寸标注和位置说明。若是非单层的建筑，应该提供建筑物各层平面图，并且在底层平面图中通过指北针标明房屋的朝向。

2. 园林建筑立面图

建筑物的立面图可以有多个，其中反映主要外貌特征的立面图称为正立面图，其余的立面图相应地称为背立面图、侧立面图。主要包括以下内容：

1）表明建筑物外形和门窗、台阶、雨棚、阳台、烟囱、雨水管等的位置。

2）建筑物的总高度、各楼层高度、室内外地坪标高及烟囱高度等。

3）表明建筑物外墙所用材料及饰面的分隔。

4）标注墙身剖面图的位置。

3. 园林建筑剖面图

1）图名和比例。

2）定位轴线。

3）剖切断面和没有被剖到但可见部分的轮廓线。

4）标注尺寸及标高。

4. 基础平面图

基础平面图是表示基坑回填土时基础平面布置的图样，一般用房屋室内地面下方的一个水平剖面图来表示。基础平面图的剖视位置在室内地面（正负零）处，一般不得因对称而只画一半。被剖切的墙身（或柱）用粗实线表示，基础底宽用细实线表示。其主要内容如下：

1）图名、比例、表示建筑朝向的指北针。

2）与建筑平面图一致的纵横定位轴线及其编号，一般外部尺寸只标注定位轴线的间隔尺寸和总尺寸。

3）基础的平面布置和内部尺寸，即基础墙、基础梁、柱、基础底面的形状、尺寸及其与轴线的关系。

4）以虚线表示暖气、电缆等沟道的路线布置，穿墙管洞应分别标明其尺寸、位置与洞底标高。

5）剖面图的剖切线及其编号，对基础梁、柱等注写基础代号，以便查找详图。

5. 基础详图

基础详图用于表达基础各部分的形状、大小、构造和埋置深度。条形基础的详图一般采用垂直断面图表示，条形基础凡构造和尺寸等不同的部位都应画基础详图。独立基础的详图用垂直剖面图和平面图表示，为了明显地表示基础板内双向配筋情况，可在平面图的一个角上采用局部剖面。

不同类型的基础，其详图的表示方法有所不同。如条形基础的详图一般为基础的垂直剖面图；独立基础的详图一般应包括平面图和剖面图。基础详图的主要内容如下：

1）图名、比例。

2）基础剖面图中轴线及其编号，若为通用剖面图，则轴线圆圈内可不编号。

3）基础剖面的形状及详细尺寸。

4）室内地面及基础底面的标高，外墙基础还需注明室外地坪之相对标高，如有沟槽者还应标明其构造关系。

5）钢筋混凝土基础应标注钢筋直径、间距及钢筋编号；现浇基础尚应标注预留插筋、搭接长度与位置及箍筋加密等；对桩基础应表示承台、配筋及桩尖埋深等。

6）防潮层的位置及做法、垫层材料等（也可用文字说明）。

6. 外墙身详图

外墙身详图即房屋建筑的外墙身剖面详图，主要用以表达外墙的墙脚、窗台、窗顶以及外墙与室内外地面、外墙与楼面或屋面的连接关系等内容。

外墙身详图可根据底层平面图，外墙身剖切位置线的位置和投影方向来绘制，也可根据房屋剖面图中外墙身上索引符号所指示需要画出详图的节点来绘制。

1）墙的轴线编号、墙的厚度及其与轴线的关系。有时一个外墙身详图可适用于几个轴线。按"国标"规定，如一个详图适用于几个轴线时，应同时注明各有关轴线的编号。通用详图的定位轴线应只画圆，不注写轴线编号。轴线端部圆圈直径在详图中宜为10mm。

2）各层楼板等构件的位置及其与墙身的关系。诸如进墙、靠墙、支承、拉结等情况。

3）门窗洞口中、底层窗下墙、窗间墙、檐口中、女儿墙等的高度；室内外地坪、防潮层、门窗洞的上下口、檐口、墙顶及各层楼面、屋面的标高。

4）屋面、楼面、地面等为多层次构造。多层次构造用分层说明的方法标注其构造做法，多层次构造的共用引出线应通过被引出的各层。文字说明宜用5号或7号字注写出在横线的上方或横线的端部，说明的顺序由上至下，并应与被说明的层次相互一致。

5）立面装修和墙身防水、防潮要求，及墙体各部位的线脚、窗台、窗楣、檐口中、勒脚、散水等的尺寸、材料和做法，或用引出线说明，或用索引符号引出另画详图表示。外墙身详图的±0.000或防潮层以下的基础以结构施工图中的基础图为准。屋面、楼面、地面、散水、勒脚等和内外墙面装修做法、尺寸等与建筑施图中首页的统一构造说明相对应。

2.2.2 识图方法

1. 园林建筑平面图

园林建筑平面图的识图方法如下：

1）了解图名、层次、比例，纵、横定位轴线及其编号。

2）明确图示图例、符号、线型和尺寸的意义。

3）了解图示建筑物的平面布置；例如房间的布置、分隔，墙、柱的断面形状和大小，楼梯的梯段走向和级数等，门窗布置、型号和数量，房间其他固定设备的布置，在底层平面图中表示的室外台阶、明沟、散水坡、踏步、雨水管等的布置。

4）了解平面图中的各部分尺寸和标高。通过外、内各道尺寸标注，了解总尺寸、轴线间尺寸，开间、进深、门窗及室内设备的大小尺寸和定位尺寸，并由标注出的标高了解楼、地面的相对标高。

5）了解建筑物的朝向。

6）了解建筑物的结构形式以及主要建筑材料。

7）了解剖面图的剖切位置及其编号、详图索引符号及编号。

8）了解室内装饰的做法、要求和材料。

9）了解屋面部分的设施和建筑构造的情况，对屋面排水系统应与屋面做法和墙身剖面的檐口部分对照识读。

2. 园林建筑立面图

园林建筑立面图的识图方法如下：

1）了解图名、比例和定位轴线编号。

2）了解建筑物整个外貌形状；了解房屋门窗、窗台、台阶、雨篷、阳台、花池、勒脚、檐口中以及落水管等细部形式和位置。

3）从图中标注的标高，了解建筑物的总高度及其他细部标高。

4）从图中的图例、文字说明或列表，了解建筑物外墙面装修的材料和做法。

3. 园林建筑剖面图

园林建筑剖面图的识图方法如下：

1）将图名、定位轴线编号与平面图上部切线及其编号与定位轴线编号相对照，确定剖面图的剖切位置和投影方向。

2）根据图示建筑物的结构形式和构造内容，了解建筑物的构造和组合，例如建筑物各部分的位置、组成、构造、用料及做法等情况。

3）根据图中标注的标高及尺寸，了解建筑物的垂直尺寸和标高情况。

4. 外墙身详图

外墙身详图的识图方法如下：

1）根据剖面图的编号，对照平面图上相应的剖切线及其编号，明确剖面图的剖切位置和投影方向。

2）根据各节点详图所表示的内容，详细分析读懂以下内容：

①檐口节点详图，表示屋面承重层、女儿墙外排水檐口的构造。

②窗顶、窗台节点详图，表示窗台、窗过梁（或圈梁）的构造及楼板层的做法，各层楼板（或梁）的搁置方向及与墙身的关系。

③勒脚、明沟详图，表示房屋外墙的防潮、防水和排水的做法，外（内）墙身的防潮层的位置，以及室内地面的做法。

3）结合图中有关图例、文字、标高、尺寸及有关材料和做法互相对照，明确图示内容。

4）明确立面装修的要求，包括砖墙各部位的凹凸线脚、窗口中、挑檐、勒脚、散水等尺寸、材料和做法。

5）了解墙身的防火、防潮做法，如檐口、墙身、勒脚、散水、地下室的防潮、防水做法。

2.3　园林工程施工图

2.3.1　识图内容

1. 园路工程施工图

园路是园林的脉络，是联系各个风景点的纽带。园路在园林中起着组织交通的作用，同时更重要的功能是引导游览、组织景观、划分空间、构成园景。

园路施工图主要包括路线平面设计图、路线纵断面图、平面铺装详图和路基横断面图。园路工程施工图具体内容如下：

1）指北针（或风玫瑰图），绘图比例（比例尺），文字说明。

2）道路、铺装的位置、尺度，主要点的坐标、标高以及定位尺寸。

3）小品主要控制点坐标及其定位尺寸。

4）地形、水体的主要控制点坐标、标高以及控制尺寸。

5）植物种植区域轮廓。

6）对无法用标注尺寸准确定位的自由曲线园路、广场、水体等，应给出该部分局部放线详图，用放线网表示，并标注控制点坐标。

2．水景施工图

水景工程施工图主要有总体布置图和构筑物结构图。

（1）总体布置图　总体布置图主要表示整个水景工程各构筑物在平面和立面的布置情况。总体布置图以平面布置图为主，必要时配置立面图。

为了使图形主次分明，结构上的次要轮廓线和细部构造均省略不画，用图例或示意图表示这些构造的位置和作用。图中一般只注写构筑物的外形轮廓尺寸和主要定位尺寸，主要部位的高程和填挖方坡度。总体布置图的绘图比例一般为1：200～1：500。总体布置图的主要内容如下：

1）工程设施所在地区的地形现状、河流及流向、水面、地理方位等。

2）各工程构筑物的相互位置、主要外形尺寸、主要高程。

3）工程构筑物与地面交线、填挖方的边坡线。

（2）构筑物结构图　结构图是以水景工程中某一构筑物为对象的工程图，包括结构布置图、分部和细部构造图以及钢筋混凝土结构图。构筑物结构图必须把构筑物的结构形状、尺寸大小、材料、内部配筋及相邻结构的连接方式等都表达清楚。结构图包括平、立剖面图，详图和配筋图，绘图比例一般为1：5～1：100。构筑物结构图主要内容如下：

1）表明工程构筑物的结构布置、形状、尺寸和材料。

2）表明构筑物各分部和细部构造、尺寸和材料。

3）表明钢筋混凝土结构的配筋情况。

4）工程地质情况及构筑物与地基的连接方式。

5）相邻构筑物之间的连接方式。

6）附属设备的安装位置。

7）构筑物的工作条件，如常水位和最高水位等。

3．种植工程施工图

绿化种植工程施工图，是表示园林种植植物的种类、数量、规格及种植规格和施工要求的图样，是种植施工、定点放线的主要依据。施工图的内容包括以下两点：

1）在图样上用图形、符（代）号和文字表示种植植物的种类、数量和规格。

2）在图样上用图形、符（代）号和文字表示种植植物的种植规格和位置。

4．假山工程施工图

为了清楚地反映假山设计，便于指导施工，通常要作假山施工图，假山施工图是指导假山施工的技术性文件。通常一幅完整的假山施工图主要包括平面图、剖面图、立面图、做法说明与预算等部分。

（1）平面图　假山工程施工平面图包括以下内容：

1）假山的平面位置、尺寸。

2）山峰、制高点、山谷、山洞的平面位置、尺寸及各处高程。

3）假山附近地形及建筑物、地下管线及与山石的距离。

4）植物及其他设施的位置、尺寸。

5）图纸的比例尺一般为 1∶20～1∶50，度量单位为 mm。

（2）立面图　立面图是在与假山立面平行的投影面所作的投影图。立面图是表示假山的造型及气势最好的施工图，一般也可绘制出类似造型效果图的示意图或效果图代替。假山工程施工立面图包括以下内容：

1）假山的层次、配置形式。

2）假山的大小及形状。

3）假山与植物及其他设备的关系。

（3）剖面图　假山工程施工剖面图包括以下内容：

1）假山各山峰的控制高程。

2）假山的基础结构。

3）管线位置、管径。

4）植物种植池的做法、尺寸、位置。

2.3.2　识图方法

1. 园路工程施工图

园路工程施工图的识图方法如下：

1）图名、比例。

2）了解道路宽度，广场外轮廓具体尺寸，放线基准点和基准线坐标。

3）了解广场中心部位和四周标高，回转中心标高和高处标高。

4）了解园路、广场的铺装情况，包括：根据不同功能所确定的结构、材料、形状（线型）、大小、花纹、色彩、铺装形式、相对位置、做法处理和要求。

5）了解排水方向和雨水口位置。

2. 园桥施工图

园桥施工图的识图方法如下：

1）看图必须由大到小、由粗到细。识读园桥施工图时，应先看设计说明和桥位平面、桥梁总体布置图，并且与梁的纵断面图和横断面图（即立面图）结合起来看，然后再看构造图、钢筋图和详图。

2）仔细阅读设计说明或附注。凡是图样上无法表示而又直接与工程密切相关的一切要求，一般会在图样上用文字说明表达出来，因此必须仔细阅读。

3）牢记常用符号和图例。为了方便，有时图样中有很多内容用符号和图例表示，因此一般常用的符号和图例必须牢记。这些符号和图例也已经成为设计人员和施工人员进行有效沟通的语言。

4）注意尺寸标注单位。工程图样上的尺寸单位一般有三种：m、cm 和 mm。标高和桥位平面图一般用"m"，桥梁各部分结构的尺寸一般用"cm"，钢筋直径用"mm"。

具体的尺寸单位，必须认真阅读图样的"附注"内容得到。

5）不得随意更改图样。如果对于园桥工程图样的内容，有任何意见或者建议，应该向有关部门（一般是监理单位）提出书面报告，与设计单位协商，并由设计单位确认。

3. 种植工程施工图

种植工程施工图的识图方法如下：

1）根据图示各种植物的图例和注写说明、代号及苗木统计表，了解图示植物的种类、名称和数量，检查表达是否正确、明确。

2）根据图示植物的种类、数量、种植形式和配置方法，分析是否与整个环境协调，是否符合功能要求，研究是否需要调整。

3）根据图示植物种植位置，分析植物栽植位置规划与现有或规划的各种建筑物、构筑物和其他地上物和市政管线的配置安排是否协调、合理，是否矛盾。它们之间的距离是否符合规范要求，是否需要调整。

4）根据图示所标注的种植规格尺寸和定位尺寸，分析并明确植物的种植位置及定点放线的基准，保证园林植物配置有适宜的密度和各种类型植物良好的群落关系。

4. 假山工程施工图

假山工程施工图的识图方法如下：

1）了解假山、山石的平面位置，周围地形、地貌及占地面积和尺寸。

2）了解假山的层次，山峰制高点，山谷、山洞的平面位置、尺寸和控制高程。

3）了解山石配置形式、假山的基础结构及做法。

4）了解管线及其他设备的位置、尺寸。

5）了解假山与附近地形、地貌及其他设备的位置和尺寸关系。

5. 园林给水排水施工图

给水排水工程施工图主要有平面图和系统图（轴测图），看懂管道在平面图和系统图上的表示含义，是识读管道施工图的基本要求。

（1）管道在平面图上的识读　某一层楼的各种水、卫、暖管道平面图，一般要把该楼层地面以上楼板以下的所有管道都表示在该层建筑平面图上，对于底层还要把地沟内的管道表示出来。

各种位置和走向的水、卫、暖管道在平面图上的具体表示方法是：水平管、倾斜管用其单线条水平投影表示；当几根管水平投影重合时，可以间隔一定距离并排表示；当管子交叉时，位置较高的可直线通过，位置较低的在交叉投影处要断开表示；垂直管道在图上用圆圈表示；管道在空间向上或向下拐弯时，要按具体情况表示。

（2）管道在系统图上的表示　室内管道系统图（轴测图）主要反映管道在室内的空间走向和标高位置。因为一般给水排水、采暖、煤气管道系统图是正面斜轴测图，所以左右方向的管道用水平线表示，上下走向的管道用竖线表示，前后走向的管道用45°斜线表示。

（3）管道标高、坡度、管径的标注　管道标高符号一般在一段管子的起点或终点。标高数字对于给水、采暖管中心处相对于 ±0.000 的高度；对于排水管道常指管内底标高。标高以"m"为单位，如 3.500 表示管道比首层地面高 3.5m。

坡度符号可标在管子上方或下方，其箭头所指的一端是管子低端，一般表示为 $i = \times\times\times$。如 $i = 0.01$ 表明管道的坡度为百分之一。

管径用公称直径标注。一段管子的管径一般标在该段管子的两头，而中间不再标注，即"标两头带中间"。

（4）室内给水排水施工图平面图的识读　给水排水管道和设施的平面布置图是室内给水排水工程施工图纸中最基本和最重要的图，它主要表明给水排水管道和卫生器具等的平面布置。在识读该图时应注意掌握以下主要内容：

1）查明卫生器具和用水设施的类型、数量、安装位置、接管形式。

2）弄清给水引入管和污水排出管的平面走向、位置。

3）分别查明给水干管、排水干管、立管、横管、支管的平面位置与走向。

4）查明水表、消火栓等的型号、安装方式。

（5）室内给水排水施工图系统图的识读　给水排水管道系统图主要表示管道系统的空间走向。在给水系统图上不画出卫生器具，只用图例符号画出水龙头、淋浴器喷头、冲洗水箱等，在排水系统图上也不画出卫生器具，只画出卫生器具下的存水弯或排水支管。识读系统图时要重点掌握下列两点：

1）查明各部分给水管的空间走向、标高、管径尺寸及其变化情况和阀门的设置位置。

2）查明各部分排水管的空间走向、管路分支情况、管径尺寸及其变化，以及横管坡度、管道各部分标高、存水弯形式、清通设施的设置情况。

（6）给水排水施工图详图的识读　室内给水排水工程详图主要有水表节点、卫生器具、管道支架等安装图。有的详图选用了标准图和通用图时，需查阅相应的标准图和通用图纸。

（7）识读给水排水施工图时应注意的问题。

1）识图时先看设计说明，明确设计要求。

2）要把施工图按给水、排水分开阅读，把平面图和系统图对照起来看。

3）给水系统图可以从给水引入管起，顺着管道水流方向看；排水系统图可从卫生器具开始，也顺着水流方向阅读。

4）卫生器具的安装形式及详细配管情况要参阅设计选用的相关标准图集。

6. 园林电气施工图

阅读建筑电气工程图，除了应该了解建筑电气工程图的特点外，还应该按照一定阅读程序进行阅读，这样才能比较迅速、全面地读懂图纸，以完全实现读图的意图和目标。

一套建筑电气工程图所包括的内容比较多，图纸往往有很多张，一般应按以下顺序依次阅读，有时还有必要进行相互对照阅读。

（1）看图纸目录及标题栏　了解工程名称项目内容、设计日期、工程全部图纸数量、图纸编号等。

（2）看总设计说明　了解工程总体概况及设计依据，了解图纸中未能表达清楚的各有关事项。如供电电源的来源、电压等级、线路敷设方式，设备安装高度及安装方式，补充使用的非国标图形符号，施工时应注意的事项等。有些分项局部问题是在各分项工程的图纸上说明的,看分项工程图纸时,也要先看设计说明。

(3)看电气系统图　各分项工程的图纸中都包含有系统图,如变配电工程的供电系统图,电力工程的电力系统图,电气照明工程的照明系统图以及电缆电视系统图等。看系统图的目的是了解系统的基本组成,主要电气设备、元件等的连接关系及它们的规格、型号、参数等,掌握该系统的基本概况。

(4)看电路图和接线图　了解各系统中用电设备的电气自动控制原理,用来指导设备的安装和控制系统的调试工作。因电路图多是采用功能布局法绘制的,看图时应依据功能关系从上至下或从左至右一个回路、一个回路地阅读。若能熟悉电路中各电器的性能和特点,对读懂图纸将有很大的帮助。在进行控制系统的配线和调校工作中,还可配合阅读接线图和端子图进行。

(5)看电气平面布置图　平面布置图是建筑电气工程图纸中的重要图纸之一,如变配电所设备安装平面图(还应有剖面图)、电力平面图、照明平面图和防雷与接地平面图等,它们都是用来表示设备安装位置、线路敷设部位、敷设方法以及所用导线型号、规格、数量,管径大小的,是安装施工、编制工程预算的主要依据。

(6)看安装大样图　安装大样图是按照机械制图方法绘制的用来详细表示设备安装方法的图纸,也是用来指导施工和编制工程材料计划的重要图纸。特别是对于初学安装的人员更重要,甚至可以说是不可缺少的。

(7)看设备材料表　设备材料表提供了该工程所使用的主要设备、材料的型号、规格和数量。

严格地说,阅读工程图纸的顺序并没有统一的硬性规定,可以根据需要,灵活掌握,并应有所侧重。有时一张图纸需反复阅读多遍。为更好地利用图纸指导施工,使之安装质量符合要求,阅读图纸时,还应配合阅读有关施工及检验规范、质量检验评定标准以及全国通用电气装置标准图集,以详细了解安装技术要求及具体安装方法。

3 园林工程识图实例

3.1 园林规划设计图

实例1：某游园设计平面图识读

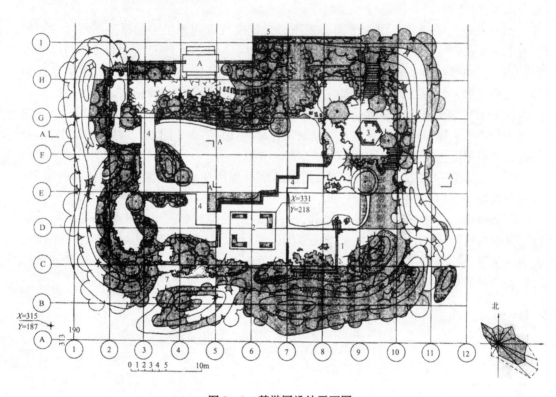

图3-1 某游园设计平面图

1—园门 2—水榭 3—六角亭 4—桥 5—景墙 6—壁泉 7—石洞

图3-1为某游园设计平面图，从图中可以了解以下内容：

1）如图所示是一个东西长50m左右、南北宽35m左右的小游园，主入口位于北侧。

2）该游园布局以水池为中心，主要建筑有南部的水榭和东北部的六角亭，水池东侧设一座拱桥，水榭由曲桥相连，北部和水榭东侧设有景墙和园门，六角亭建于石山之上，西南角布置石山、壁泉和石洞各一处，水池东北和西南角布置汀步两处，桥头、驳岸处散点山石，入口处园路以冰纹路为主，点以步石，六角亭南、北侧设台阶和山石蹬道，南部布置小径通向园外。植物配置，外围以阔叶树群为主，内部点缀孤植树和灌木。

3）该园水池设在游园中部，东、南、西侧地势较高，形成外高内低的封闭空间。

4）该游园的方格网尺寸为 5m×5m，在平面西南角给出城市坐标（$X=315$，$Y=187$），是整个游园的定位坐标。

实例 2：某游园竖向设计图识读

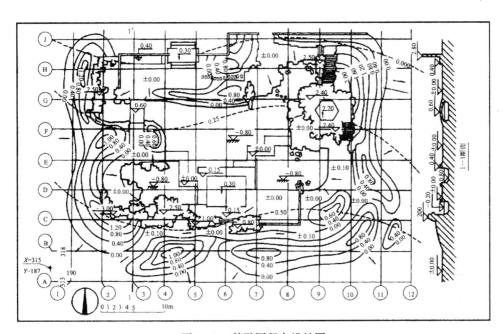

图 3 - 2　某游园竖向设计图

图 3 - 2 为某游园竖向设计图，从图中可以了解以下内容：

1）该园水池居中，近方形，正常水位为 0.20m，池底平整，标高均为 -0.80m。游园的东、西、南部有坡地和土丘，高度为 0.6~2m，并以东北角为最高，从高程可见中部挖方较大，东北角填方量较大。

2）图中六角亭置于标高为 2.40m 的石山之上，亭内地面标高 2.70m，为全园最高景观。水榭地面标高为 0.30m，拱桥桥面最高点为 0.6m，曲桥标高为 ±0.00。园内布置假山三处，高度为 0.80~3.00m，西南角假山最高。园中道路较平坦，除南部、西部部分路面略高以外，其余均为 ±0.00。

3）从图中可见，该园利用自然坡度排出雨水，大部分雨水流入中部水池，四周流出园外。

实例 3：绿地、广场、建筑竖向设计图识读

图 3 - 3 为绿地、广场、建筑竖向设计图，从图中可以了解以下内容：

1）广场北（上）侧的草地地形起伏，相对高差为 0.20m，高度在 5.30~5.70m 之间。

2）广场中同处建筑室内地坪标高为 5.10m；该广场有两处标注标高为 4.80m，并

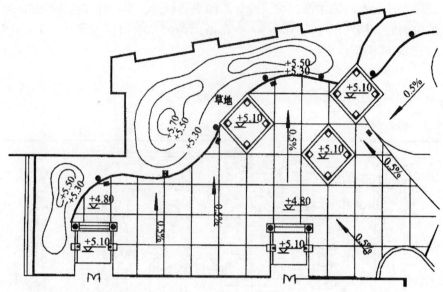

图 3-3　绿地、广场、建筑竖向设计图

位于一条直线上；广场坡度为 0.5%，南高北低；在广场北边缘处有排水口。

实例 4：某游园种植设计图识读（一）

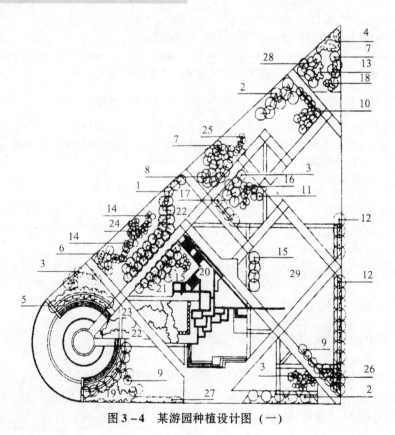

图 3-4　某游园种植设计图（一）

图 3-4 为某游园种植设计图（一），表 3-1 为某游园种植设计苗木统计表，从图中可以了解以下内容：

1）游园北部以樱花、雪松、晚樱、鸡爪槭、香樟、柳杉等针叶、阔叶乔木为主配以金钟华、龙柏等灌木结合地形的变化采用自然式种植。

2）游园南部规则式栽植了鹅掌楸、香樟、广玉兰等乔木配合栽植铺地柏、迎春等灌木，绿地地被为草坪覆盖。

表 3-1　某游园种植设计苗木统计表

编号	植物名称	规　格	数　量
1	樱花	2.5m 高	31 株
2	香樟	干径约 100mm	26 株
3	雪松	4.0m 高	27 株
4	水杉	2.5m 高	58 株
5	广玉兰	3.0m 高	26 株
6	晚樱	2.5m 高	11 株
7	柳杉	2.5m 高	12 株
8	榉树	3.9m 高	12 株
9	白玉兰	2.0m 高	5 株
10	银杏	干径 >80mm	10 株
11	红枫	2.0m 高	7 株
12	鹅掌楸	3.5m 高	31 株
13	桂花	2.0m 高	15 株
14	鸡爪槭	2.5m 高	6 株
15	国槐	3.0m 高	10 株
16	圆柏	3.1m 高	11 株
17	七叶树	3.5m 高	7 株
18	含笑	1.0m 高大苗	4 株
19	铺地柏	—	41 株
20	凤尾兰	—	50 株
21	毛鹃	30cm 高	250 株
22	杜鹃	—	130 株

续表 3 – 1

编号	植物名称	规格	数量
23	迎春	—	85 株
24	金丝桃	—	80 株
25	腊梅	—	8 株
26	金钟花	—	20 株
27	麻叶绣球	—	30 株
28	大叶黄杨	60cm 高	120 株
29	龙柏	3m 以上	16 株
30	草坪	—	2514m²

实例 5：某游园种植设计图识读（二）

图 3 – 5 为某游园种植设计图（二），表 3 – 2 为某游园种植设计苗木统计表，从图中可以了解以下内容：

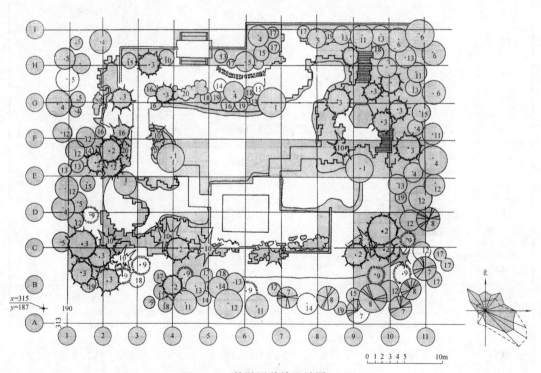

图 3 – 5　某游园种植设计图（二）

表 3 - 2 某游园种植设计苗木统计表

编号	树种	单位	数量	规格		出圃年龄	备注
				干径（cm）	高度（m）		
1	垂柳	株	4	5	—	3	—
2	白皮松	株	8	8	—	8	—
3	油松	株	14	8	—	8	—
4	五角枫	株	9	4	—	4	—
5	黄栌	株	9	4	—	4	—
6	悬铃木	株	4	4	—	4	—
7	红皮云杉	株	4	8	—	8	—
8	冷杉	株	4	10	—	10	—
9	紫杉	株	8	6	—	6	—
10	爬地柏	株	100	—	1	2	每丛 10 株
11	卫矛	株	5	—	1	4	—
12	银杏	株	11	5	—	5	—
13	紫丁香	株	100	—	1	3	每丛 10 株
14	暴马丁香	株	60	—	1	3	每丛 10 株
15	黄刺玫	株	56	—	1	3	每丛 8 株
16	连翘	株	35	—	1	3	每丛 7 株
17	黄杨	株	11	3	—	3	—
18	水腊	株	7	—	1	3	—
19	珍珠花	株	84	—	1	3	每丛 12 株
20	五叶地锦	株	122	—	3	3	—
21	花卉	株	60	—	—	1	—
22	结缕草	m²	200	—	—	—	—

1）游园周围以油松、白皮松、黄栌、银杏、五角枫等针、阔叶乔木为主，配以黄刺玫、紫丁香等灌木。

2）西北角种植黄栌5株、五角枫2株，以观红叶。

3）东北、西南假山处配置油松11株，与山石结合以显现古拙。

4）六角亭后配置悬铃木4株，形成高低层次、错落有致。

5）中部沿驳岸孤植垂柳4株，形成垂柳入水之势等。

实例6：某森林公园规划设计图识读

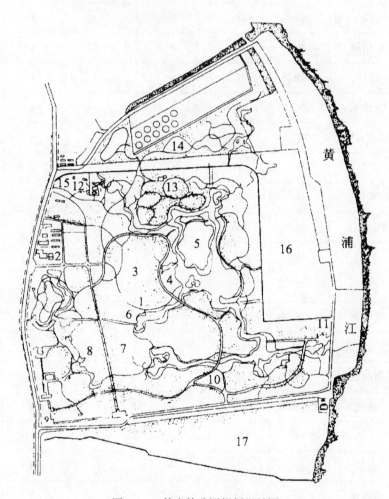

图3-6　某森林公园规划设计图

1—北大门主入口广场　2—公园管理中心　3—野营林区　4—游船码头　5—秋林爱晚
6—绿荫茶室　7—儿童活动区　8—青少年活动区　9—南大门主入口广场
10—人生纪念林区　11—月色江声　12—森林餐厅　13—骑驴、骑马区
14—森林小兽区　15—边门　16—粮食局用地　17—万竹园

图3-6为某森林公园规划设计图，从图中可以了解以下内容：

1）森林公园占地面积为113.3hm²（1hm=10000m²）。公园设有青少年活动区，儿童活动区、野营林区、森林小兽区、水域游览区和竹林景区。

2）景区景点的布置，因景题名或因名设置。如临黄浦江岸设"月色江声"景区；

根据功能要求和意境构思,将原有河沟疏通扩大,建成湖泊、河流、池塘、溪涧等,堆土构成山峦、丘陵、缓坡、平地,高低错落、连绵起伏的山丘和缓坡既解决了公园排水,也丰富了园林空间的层次。

3)在树种选择上,以快长树为主,并保留香樟、木兰、松柏、竹子、冬青、银杏、杨、柳等原有树木;在公园周边密植乔木混交林,起防护隔离作用并作为背景;在道路两侧和水际湖边散种单株及树丛;在平缓的草地布置疏林;在"秋林爱晚"附近广植乌桕、红枫、火炬漆、石楠等色叶树;在水岸湖边种垂柳、蒲芦;在沟浜浅水处种茨菇、水芋、菖蒲及竹林等。公园草坪全部利用原地生长的假俭草、狗牙根等草类植被,疏密有致地点缀酢浆草、野菊花等。

📎 **实例7:某文化广场规划设计图识读**

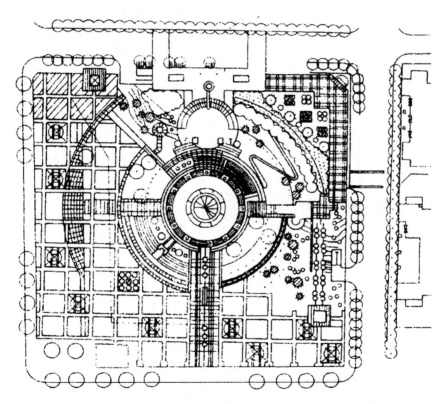

图3-7 某文化广场规划设计图

图3-7为某文化广场规划设计图,从图中可以了解以下内容:

1)该广场总平面以圆形及方形为主题,秩序井然,规则中寓变化。

2)在环境绿化设计中,以绿色植物形成对对称方正布局的广场形象的软化,即自然生态化,使绿色的自然形态与广场硬质景观的规则秩序形成有趣的对比、呼应、穿插,最终融合为独具特色的形象。

实例8：某儿童乐园规划设计图识读（一）

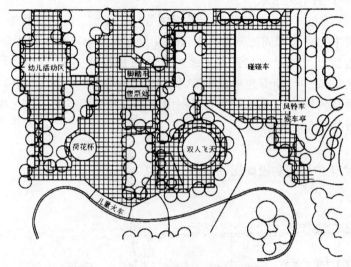

图3-8 某儿童乐园规划设计图（一）

图3-8为某儿童乐园规划设计图（一），从图中可以了解以下内容：

1）位于公园东南角的儿童区，面积约170m²，为该地区主要的儿童活动区。

2）主要游乐设备有风铃车、荷花杯、双人飞天、小火车、单轨脚踏车、碰碰车等。在设备的选项上，主要考虑儿童不同年龄层次的需求，以及各种设备不同的娱乐功能。

实例9：某儿童乐园规划设计图识读（二）

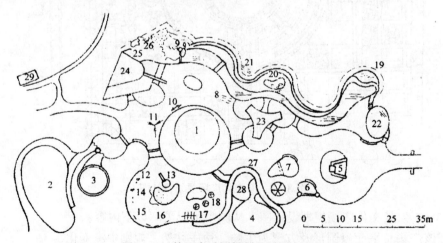

图3-9 某儿童乐园规划设计图（二）

1—迷宫 2—登山滑车 3—登月火箭 4—碰碰车 5—机器人滑梯 6—太空浮游
7—瓢虫攀登架 8—跷跷板 9—木屋滑梯 10—浪木 11—铅笔攀登架 12—蘑菇群
13—大象滑梯 14—一条龙 15—秋千 16—书画黑板 17—幼儿跷跷板 18—转椅
19—热带鱼雕塑 20—贝壳雕塑 21—热线电话 22—入口建筑小品 23—孤亭
24—花果山建筑 25—水帘洞 26—铁索桥 27—曲廊 28—车库 29—公共厕所

图 3 -9 为某儿童乐园规划设计图（二），从图中可以了解以下内容：

1）该儿童乐园占地半公顷多，设在龙华公园内，地处山坡上，分成若干台地。平面规划及建筑造型如亭、廊等均以曲线为主，体现了抽象式园林的特色。

2）机器人滑梯设在入口区以示欢迎，乐园北面设有曲折流畅之河流供儿童戏水，西北面设花果山水帘洞、铁索桥，园内有迷宫、碰碰车、转椅、太空浮游、登月火箭、木屋滑梯、各式攀登架以及蘑菇群等多种游戏设施，在乐园的南端设有幼儿活动区。

实例 10：某市区文化公园规划设计图识读

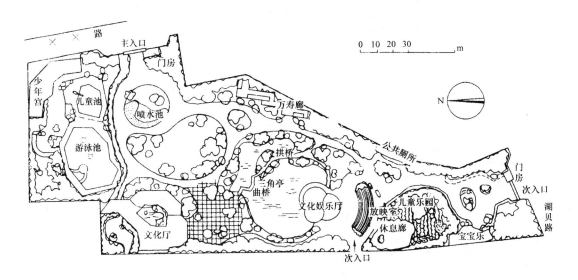

图 3 -10　某市区文化公园规划设计图

图 3 -10 为某市区文化公园规划设计图，从图中可以了解以下内容：

1）××路入口为公园的主入口，入口花坛用抽象式手法进行重点布置，设有喷水池及大片色彩单纯的四季花坛，形式新颖。其背景由一片草地及南洋杉林衬托，成为公园中景观较为开阔的局部，人工湖中布置小岛、三角亭、曲桥、小拱桥、带有传统园林的韵味，较为宁静，回转其中有柳暗花明之趣，富有诗情画意。

2）该文化公园采用自然式手法进行规划，但在局部有倾向抽象式的设计手法，园内建筑较多，规划设有露天舞台、游泳池、少年宫、综合文化厅、万寿廊等多种文化娱乐设施。道路、水体以及建筑和花坛均运用流畅曲线，而游泳池及某些建筑又采用折线，使之与人工湖取得线形的对比。整个公园外围建筑密集，因此在公园周边规划栽植乔灌木作为屏障，园内绿化以自然式为主，抽象式栽植为辅。

实例11：某公园规划设计图识读

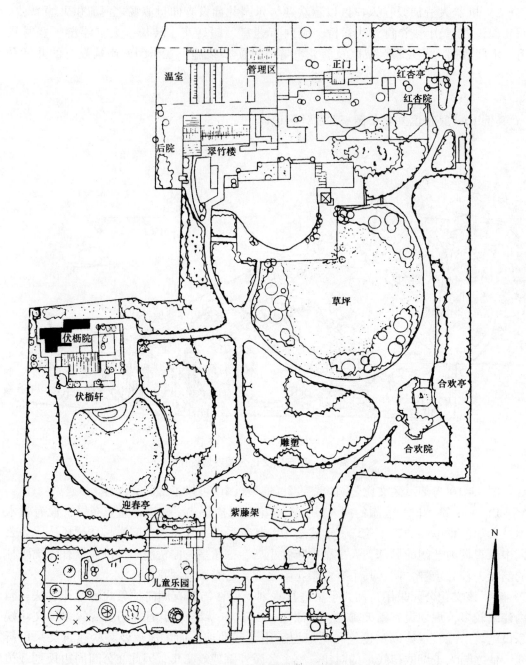

图3-11 某公园规划设计图

图3-11为某公园规划设计图，从图中可以了解以下内容：

1）该公园是由苗圃改建而成的居住区公园，总面积为1.89hm²。公园以建筑、地形、绿化组织空间，创造了翠竹院、大草坪、红杏院、迎春院、伏枥院、合欢院、紫藤院、儿童乐园等大小不一，形式不同、景色各异，功能多样的园林空间，形成空间序列，取得了"小中见大"的空间效果。

2）园内建筑设计采用青瓦粉墙、石板、竹材、木材构筑垂花门、竹亭、桃廊、茶楼等江南民居建筑。绿化设计以植物造景为主，以建筑小品及雕塑点景，用斜坡草地、浅滩水池、人造卵石、条石汀步，形成坦荡开阔的主体空间；以翠竹环绕茶楼，形成素雅、别致的翠竹院；以绿树环抱，合欢匝地，形成幽深、恬静的合欢院；以松竹梅环绕伏枥轩、千里亭、岁寒亭，形成供老人玩赏书画、棋牌的伏枥院；以迎春、海棠、玉兰形成迎春院……，儿童乐园有蜘蛛网、软猴架、蜻蜓跷板、跳驴、熊抬水车、猴子云梯、缩头乌龟等构思新颖饶有童趣的动物造型玩具，且均置于经过改进的沙坑中，深受儿童的喜爱。

3.2　园林建筑施工图

实例 12：梁的详图识读

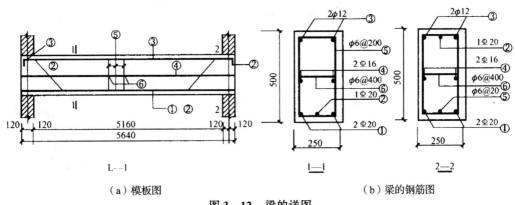

（a）模板图　　　　　　　　（b）梁的钢筋图

图 3-12　梁的详图

图 3-12 为梁的详图，从图中可以了解以下内容：

1）该图中有 6 种钢筋。

2）第一种为①号钢筋，在梁的底部，是主筋。标注符号的含义为

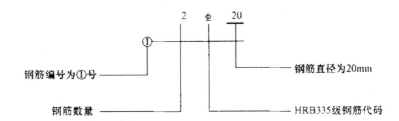

3）第二种为②号钢筋，称为弯钢筋。

4）第三种为③号钢筋，在梁的上部为架立筋。

5）第四种为④号钢筋，称为腰筋。

6）第五种为⑤号钢筋，称为箍筋，其标注符号为

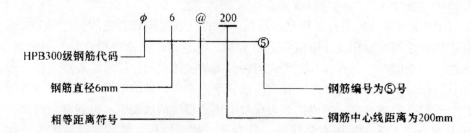

7）第六种为⑥号钢筋，称为拉钩。

实例13：钢筋混凝土梁的结构详图识读

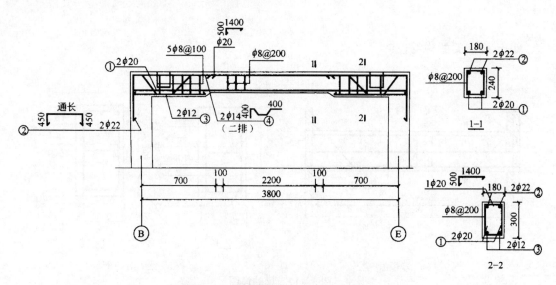

图3-13 钢筋混凝土梁的结构详图

图3-13为钢筋混凝土梁的结构详图，从图中可以了解以下内容：

1）上图是梁的立面图，梁的两端搁置在钢筋混凝土柱上，下部是两根直径为20mm的受力筋（编号为1），上部是两根直径为22mm的受力筋（编号为2），并且在梁的两端做出直角弯钩，插入两端的柱体中，如图中钢筋2的引出线旁的钢筋简图，四条受力筋应该贯穿整个混凝土梁。

2）由钢筋混凝土梁的立面图可以看出在梁两端的下部各有两条直径为12mm的钢筋进行加固，上部还各有一根直径为20mm的架力筋。此外，在梁的两端各配有两根弯起钢筋（编号为4），直径为14mm。这些钢筋在立面图引出线的附近都给出了钢筋简图，并标注了尺寸。由图中可以从看出1-1断面并没有剖切到两端的架力筋和弯起钢筋，所以1-1断面上下各有两个小圆点，根据尺寸标注可以在立面图中找到对应钢筋。而在2-2断面中有三行小圆点，上面一行有三个小圆点，分别对应两根φ22mm受力筋和一根φ20mm的架力筋，中间一行有两个小圆点，对应的是两条φ20mm的受力筋，下

面一行有两个小圆点，对应的是两根 $\phi 12\text{mm}$ 的架力筋。

3）梁的箍筋直径为 8mm，均匀分布，间距为 200mm，在立面图中可采用简化画法，只画出三、四道箍筋并标明钢筋的直径和间距就可以了，断面图中按照同样方式进行标注。

实例 14：钢筋混凝土简支梁配筋图识读

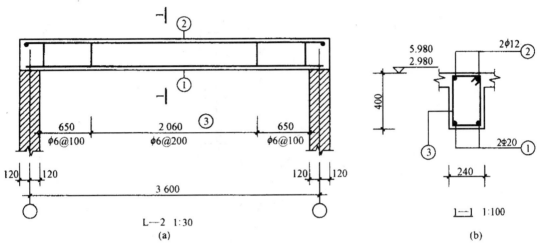

图 3 - 14　钢筋混凝土简支梁配筋图

表 3 - 3　梁钢筋表

编号	钢筋简图	规格	长度（mm）	根数
①	3790	Φ20	3790	2
②	3790	$\phi 12$	3950	2
③	190　350	$\phi 6$	1180	23

图 3 - 14 和表 3 - 3 为钢筋混凝土简支梁 L - 2 配筋图，从图中可以了解以下内容：

1）它是由立面图、断面图和钢筋表组成的。其中 L - 2 是楼层结构平面图中钢筋混凝土的代号。L - 2 的配筋立面图和断面图分别表明简支梁的长为 3840mm，宽为 240mm，高为 400mm。两端搭入墙内 240mm，梁的下端配置了两根编号为①的直受力筋，直径为 20mm，HRB335 级钢筋；两根编号为②的架立筋配置在梁的上部，直径为 12mm，HPB300 级钢筋。编号③的钢筋是箍筋，直径为 6mm，HPB300 级钢筋，在梁端间距为 100mm，梁中间距为 200mm。

2）钢筋表中表明了三种类型钢筋的形状、编号、根数、等级、直径、长度和根数等。各编号钢筋长度的计算方法为：

①号钢筋长度应该是梁长减去两端保护层厚度，即 3840 - 2×25 = 3790mm。

②号钢筋长度应该是梁长减去两端保护层厚度，加上两端弯钩所需长度，即 3810 - 2×25 + 80×2 = 3950mm，其中一个半圆弯钩的长度为 6.25d，实际计算长度为 75mm，施工中取 80mm。

③号箍筋的长度按图 3-15 进行计算。③号箍筋应为 135°的弯钩，当不考虑抗扭要求时，ϕ6 的箍筋按施工经验一般取 50mm。

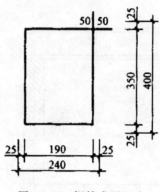

图 3-15　钢筋成型尺寸

实例15：钢筋混凝土简支梁结构图识读

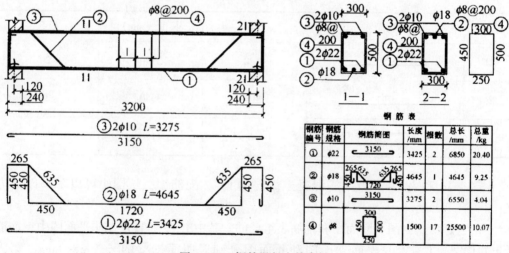

图 3-16　钢筋混凝土简支梁

图 3-16 为钢筋混凝土简支梁，从图中可以了解以下内容：

1）梁的立面图和断面图分别标明了梁的长、宽、高为 3200mm、300mm、500mm。两端支撑在墙上，各伸入墙内 240mm。梁的下部配置了 3 根受力筋，其中②号筋为弯起筋，是直径为 18mm 的 HPB300 级钢筋；①号钢筋位于梁的下部，是两根直径为 22mm

的 HPB300 级钢筋；③号为两根架力筋，配置在梁的上部，是直径为 10mm 的 HPB300 级钢筋；④是箍筋，直径为 8mm，间距为 200mm，@ 是钢筋间距符号。

2）见图的下部，在图上标明了钢筋的编号、根数、等级、直径、各段长度和总长等。例如①号钢筋两端带弯钩，其上标注的长度 3150mm 是指梁的长度减去两端保护层的厚度，钢筋的下料长度为 3425mm。②号钢筋的总长 = $1720 + 2 \times 635 + 2 \times 265 + 2 \times 450 + 2 \times 6.25 \times 18 = 4645$mm。箍筋尺寸按钢筋的内皮尺寸计算。

实例 16：现浇钢筋混凝土配筋板结构图识读

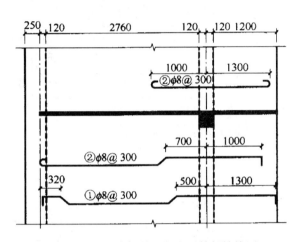

图 3-17 现浇钢筋混凝土配筋板结构图

图 3-17 为现浇钢筋混凝土配筋板结构图，从图中可以了解以下内容：

1）②号钢筋右端向上弯起，距轴线间距为 700mm，并伸入悬臂板中 1000mm。

2）一般底层钢筋的弯钩向上（或向左）画出，顶层钢筋弯钩向下（或向右）画出，在平面上与受力筋垂直配置的分布筋可不必画出，但需要在附注或钢筋表中说明其级别、直径、间距（或数量）、长度等，如图所示。

实例17：钢筋混凝土柱结构图识读

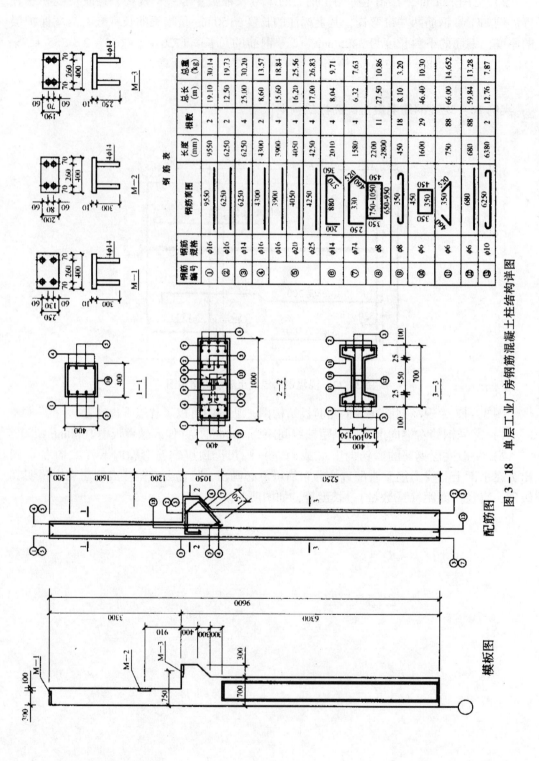

图3-18 单层工业厂房钢筋混凝土柱结构详图

图 3-18 为单层工业厂房钢筋混凝土柱的结构详图,从图中可以了解以下内容:

1)柱总高为 9600mm,分为上柱和下柱两部分。上柱高为 3300mm,下柱高为 6300mm。配合其断面图可知,上柱断面为 400mm×400mm 的正方形,下柱断面为 700mm×400mm 的工字形。下柱的上端有一个突出的牛腿,用以支撑吊车梁。牛腿断面 2-2 为 1000mm×400mm 的矩形。

2)配筋图以立面图为主,再配合三个断面图。从图中可以看到上柱受力筋为①号、④号、⑤号钢筋,下柱的受力筋为①号、②号、③号钢筋。由 1-1 断面图可知,上柱的钢箍为⑩号钢筋。由图 2-2 断面可知柱牛腿中的配筋为⑥号、⑦号钢筋,其形状可由钢筋表中查得。其中⑧号钢筋为牛腿中的钢箍,其尺寸随断面变化而变化。⑨号钢筋是单肢钢箍,在牛腿中用于固定受力钢筋②号、③号、④号和⑩号的位置。由 3-3 断面可知,在下柱腹板内又加配两根⑬号钢筋钢箍,钢筋⑪号、⑫号也为钢箍。

3)在钢筋用量表中列出了各种钢筋的编号、形状、级别、直径、根数、长度和重量。

4)M-1 为柱与屋架焊接的预埋件,M-2、M-3 为柱与吊车梁焊接的预埋件,它们的形状和具体尺寸见图中的 M-1、M-2、M-3 详图。

实例 18:钢筋混凝土柱及基础详图识读

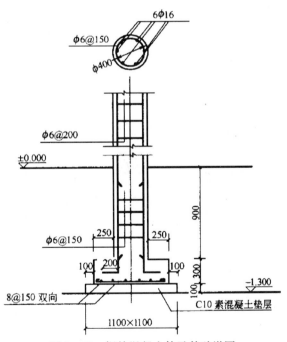

图 3-19 钢筋混凝土柱及基础详图

图 3-19 为钢筋混凝土柱及基础详图,从图中可以了解以下内容:

1)柱的断面为圆形,直径为 400mm。受力筋是 6 根直径为 16mm 的钢筋(见断面图),下部钢筋与基础中的插铁搭接,搭接长度为 800mm,需要注意的是搭接部分的钢筋是没有弯钩的带肋钢筋,端部用 45°短线表示;钢筋混凝土柱采用直径为 6mm 的箍筋按照间距为 200mm 绑扎。

2）图中除了绘制钢筋混凝土柱的配筋之外，还绘制了柱下独立基础的详图。从图中可以看到基础的尺寸、布局形式、与柱的相对位置以及连接方式，此外图中还标注了室外地坪标高。由图可知基础埋深为1.3m，采用100mm厚的C10的素混凝土作为垫层，基础底部的受力筋是直径为8mm的双向钢筋，间距为150mm；基础中预放钢筋直径为16mm，为了和柱内的钢筋搭接，在搭接区域内箍筋需要加密，间距为150mm。

实例19：某厂房钢筋混凝土杯形基础平面图识读

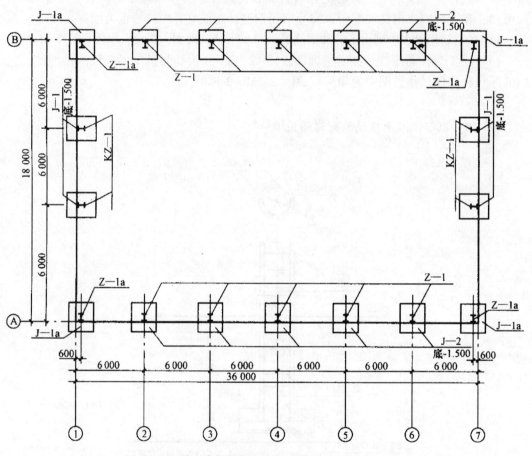

图3-20　某厂房钢筋混凝土杯形基础平面图（1:100）

图3-20为某厂房钢筋混凝土杯形基础平面图，从图中可以了解以下内容：

图中的"□"表示独立基础的外轮廓线，框中的"工"是矩形钢筋混凝土柱的断面，基础沿定位轴线分布，其编号为J-1，J-2及J-1a，其中J-2有10个，布置在②～⑥轴线之间并分前后两排；J-1共4个，布置在①和⑦轴线上；J-1a也有4个，布置在车间四角。

实例 20：单独基础平面图识读

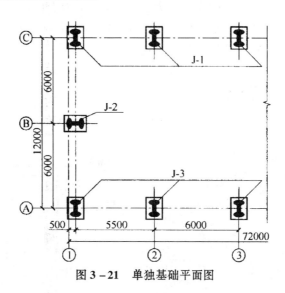

图 3 – 21 单独基础平面图

图 3 – 21 为单独基础平面图，从图中可以了解以下内容：

1）柱的间距为 5.5m 和 6.0m，与建筑平面图中的轴线间距一样。

2）由于基础尺寸的埋置深度不同，需要对不同类型的基础分别编号，如 J – 1、J – 2、J – 3。

实例 21：单独基础详图识读

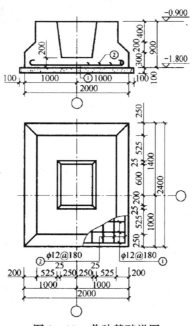

图 3 – 22 单独基础详图

图3-22为单独基础详图,从图中可以了解以下内容:

1)它的形体是四棱锥台状杯形基础。

2)由平面图可以看到:基础底面长为2000mm,宽为2400mm。

3)由剖面图可以看到:基础的埋置深度为-1.8m,各部分详细尺寸均已注明。

4)图中还表示了基础内部的钢筋布置情况。

实例22:弧形长廊基础平面图识读

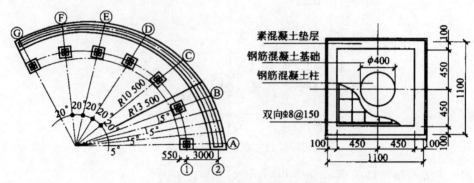

图3-23 弧形长廊基础平面图

图3-23为弧形长廊基础平面图,从图中可以了解以下内容:

1)如图所示是一个弧形长廊的基础平面布局图和基础平面图。

2)弧形长廊的内侧是钢筋混凝土柱,外侧是砖砌墙体,所以内外基础平面图形状有所不同,但是绘制方法及其要求都是相同的。

3)右图是钢筋混凝土独立柱基础的平面图,可以看出柱与下部基础的尺度和位置关系以及基础底部钢筋网的布局形式。

实例23:弧形长廊基础详图识读

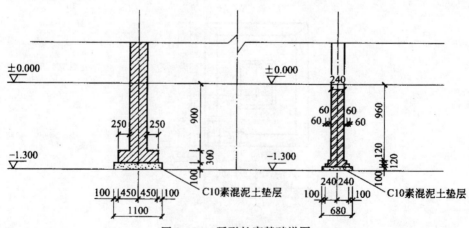

图3-24 弧形长廊基础详图

图 3-24 为弧形长廊基础详图，从图中可以了解以下内容：

1）图 3-24 所示为图 3-23 弧形长廊的基础详图，左侧是钢筋混凝土柱下独立基础的断面图，右侧是砖砌条形基础的断面图，两者的埋深相同，都是 1.3m，垫层采用 100mm 厚 C10 素混凝土。

2）由于结构不同，两种基础的尺度以及所填充的材料图例也各不相同。

实例 24：某住宅楼梯平面图识读

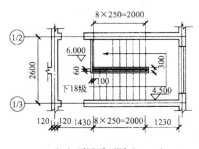

（a）顶层平面图（1:50）

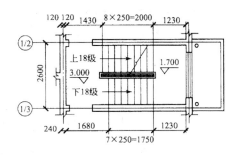

（b）二层平面图（1:50）

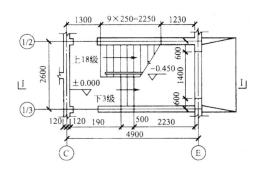

（c）底层平面图（1:50）

图 3-25 某住宅楼梯平面图

图 3-25 为某住宅楼梯平面图，从图中可以了解以下内容：

1）在底层平面图［图（c）］中，剖切后的 45°折断线，应从休息平台的外边缘画起。该楼底层至二层的第一梯段为 10 级踏步，水平投影应为 9 格（水平投影的格数 = 踏步数 -1）。图中箭头指明了楼梯上、下的走向，旁边的数字表示踏步数。"上 18 级"是指由此向上 18 个踏步可以到达二层楼面；"下 3 级"则表示将由一层地面到出口处，需向下走 3 个踏步。

在楼梯底层平面图上，楼梯起步线至休息平台外边缘的距离，被标注成"9×250 = 2250"的形式。在楼梯的底层平面图应标注出各地面的标高和楼梯剖面图的剖切符号等内容。

2）在楼梯中间层平面图中，沿二、三层间的休息平台以下将梯段剖开，可得到图（b）所示的中间层楼梯平面图。从图中可以看出，中间层楼梯平面图中的 45°折断线，应画在梯段的中部。在画有折断线的一边，折断线的一侧（靠近走廊的一侧）表示的是从休息平台至上一层楼面的梯段，另一侧（靠近休息平台的一侧）则表示的是下一层的第一梯段上的可见踏步及休息平台。而在扶手的另一边，表示的是休息平台以上的第二梯段的踏步。在图中该段（指第二段）画有7个等分格，由此说明，该段有8个踏步（水平投影数 + 1 = 踏步数）。

3）在楼梯顶层平面图［如图（a）所示］中，由于此时的剖切平面位于楼梯栏杆（栏板）以上，梯段未被切断，故在楼梯顶层平面图上不画折断线。图中表示的是下一层的两个梯段和休息平台，且箭头只指向下楼的方向。

实例25：某住宅园林施工总平面图识读

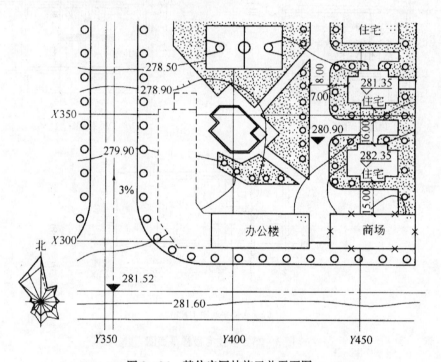

图3-26　某住宅园林施工总平面图

图3-26为某住宅园林施工总平面图，从图中可以了解以下内容：

1）整个建筑基地比较规整，基地南面与西面为主要交通干道，建筑群体沿红线（规划管理部门用红笔在地形图上画出的用地范围线）布置在基地四周。

2）西、南公路交汇处有一拟建建筑的预留地，办公楼紧挨预留地布置在靠南边干道旁，办公楼东侧二层商场要拆除，新建两栋住宅楼在基地东侧。

3）住宅楼南北朝向，3层，距南面商场为15.0m，距西面的道路为7.0m，两住宅楼间距为16.0m。住宅楼底层室内整平标高为281.35m、282.35m，室外整平标高为280.90m。整个基地主导风向为北偏西。

4）从图中还可看出，基地四周布置建筑，中间为绿化用地、水池、球场等，原有建筑有办公楼、商场、北面的住宅；西南角有拟建建筑的预留地，如果整个工程开工，东南角的商场建筑需拆除。

实例 26：某住宅园林施工底层平面图识读

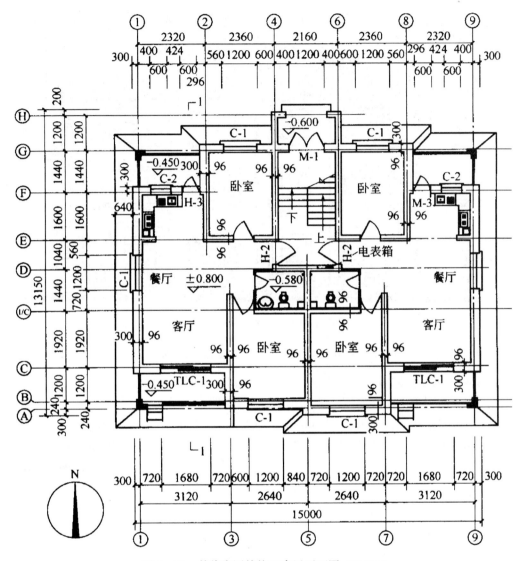

图 3 – 27 某住宅园林施工底层平面图（1：100）

图 3 – 27 为某住宅园林施工底层平面图，从图中可以了解以下内容：

1）该图为某住宅园林施工底层平面图，用 1：100 的比例绘制的。平面形状基本上为长方形，南、北面均带有阳台。平面的下方为房屋的南向（一般取上北下南，称为坐北朝南，当朝向不是坐北朝南时，应画出指北针）。

2）本住宅总长为 15000mm，总宽为 13150mm。由北向楼梯间入口，每层两户，每户有两室两厅和一间厨房和一间卫生间。卧室开间有 2360mm、2640mm 两种，进深有 3040mm、3120mm 两种。卧室的窗 C – 1，宽度为 1200mm。楼梯入口处标高为 – 0.600，即该处比底层地面低 600mm。

実例27：某住宅园林施工立面图识读

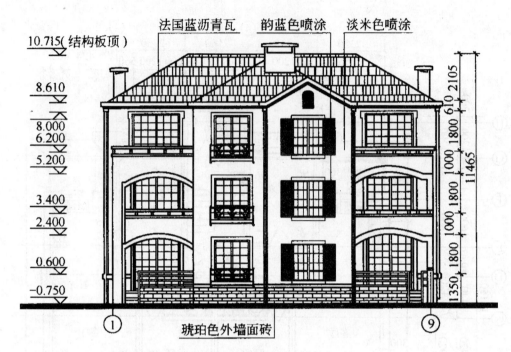

图3-28　某住宅园林施工立面图（1:100）

图3-28为某住宅园林施工立面图，从图中可以了解以下内容：

1）该立面图为南向立面图，或称正立面图，比例为1:100。

2）该房屋共三层，高为11.465m（即10.715+0.750），各层窗台标高为0.600m、3.400m、6.200m。房屋的最低处（室外地坪）比室内±0.000低0.750m，最高处（结构板顶）为10.715m，檐口处为8.610m，房屋外墙总高度为9.360m（即8.610+0.750）。

3）从文字说明了解到此房屋外墙面装修采用淡米色喷涂、琥珀色外墙面砖、法国蓝沥青瓦、韵蓝色喷涂（窗饰），以获得良好的立面效果。

実例28：某住宅园林施工剖面图识读

图3-29为某住宅园林施工剖面图，从图中可以了解以下内容：

1）该图是一个剖切平面通过阳台、厨房、餐厅、客厅剖切后向东投射所得的横剖面图。比例为1:100。图上涂黑部分是钢筋混凝土梁（包括圈梁、门窗过梁等）。

2）该住宅为坡屋顶，考虑排水的需要，檐口处设排水沟。

3）该图为横剖面图，所以在剖面图下方注有进深尺寸（即纵向轴线之间的尺寸为6000mm）。本住宅一、二、三层层高均为2800mm。

4）因图上比例较小，阳台、檐口构造标注了索引符号。

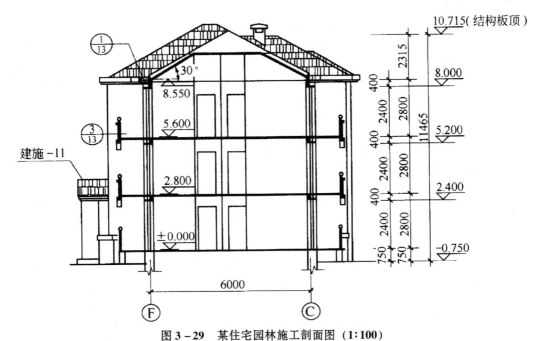

图 3 − 29　某住宅园林施工剖面图（1:100）

实例 29：楼梯节点详图识读

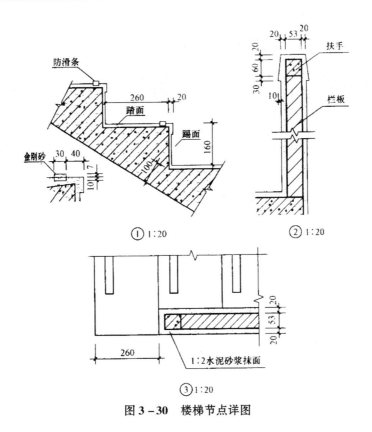

图 3 − 30　楼梯节点详图

图3-30为楼梯节点详图，从图中可以了解以下内容：

1）该图踏面宽为260mm，踢面高度为160mm，梯段厚度为100mm。为防止行人滑跌，在踏步口设置了30mm的防滑条。

2）该图栏板为砖砌，上做钢筋混凝土扶手，面层为水泥砂浆抹面。底层端点的详图表明底层起始踏步的处理及栏板与踏步的连接等。

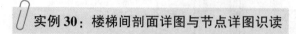

实例30：楼梯间剖面详图与节点详图识读

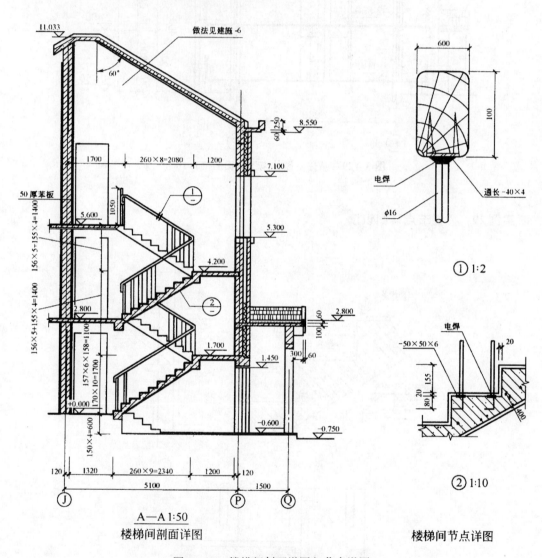

A—A 1:50
楼梯间剖面详图

楼梯间节点详图

图3-31 楼梯间剖面详图与节点详图

图3-31为楼梯间剖面详图与节点详图，从图中可以了解以下内容：

1）该剖面图的剖切位置是通过第一跑梯段及P轴线墙上的门、窗洞口。此楼梯为双跑楼梯。

2）最底层层高为2800mm，第一跑为10级，第二跑为7级，该层共17级踏步，踏步的踏面宽尺寸为260mm，踢面高尺寸分别为1700mm、157mm，栏杆高为1050mm。

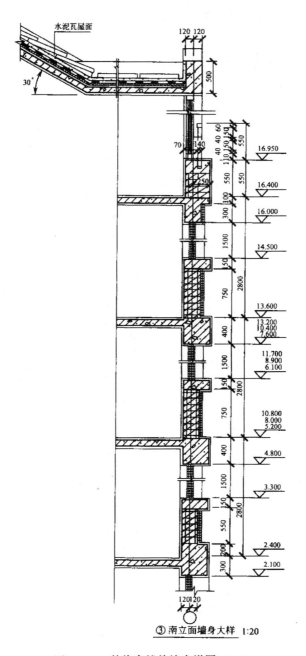

图 3-32　某住宅楼外墙身详图（一）

图 3-32 为某住宅楼外墙身详图（一），从图中可以了解以下内容：

1）该屋面的承重层是钢筋混凝土板，按照30°角度来砌坡，上面有防水卷材层和保温层，从而达到防水和隔热。女儿墙高为500mm，是钢筋混凝土材料。

2）该房屋窗台的材料为钢筋混凝土，外表面出挑250－120＝130mm，厚度为150mm。

3）此房屋窗顶过梁为矩形，出挑250－120＝130mm，厚度为400mm的楼板是钢筋混凝土材料现浇板。

4）墙体厚度为240mm，各层窗洞口均为1500mm高。

实例32：某住宅楼外墙身详图识读（二）

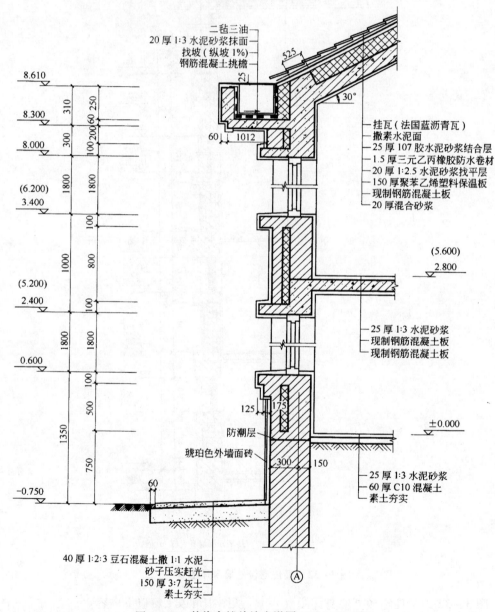

图3－33　某住宅楼外墙身详图（二）（1:20）

图 3-33 为某住宅楼外墙身详图（二），从图中可以了解以下内容：

1）此墙身详图适用于Ⓐ轴线。

2）墙体厚度为 450mm。底层窗下墙高为 600mm，两层之间墙高均为 1000mm，各层窗洞口高均为 1800mm，室内地坪标高为 ±0.000，室外地坪标高为 -0.750m，墙顶标高为 8.610m。

3）底层地面、散水、防潮层、各层楼面、屋面的标高及构造做法等都在图中作了表示。

实例 33：木窗详图识读

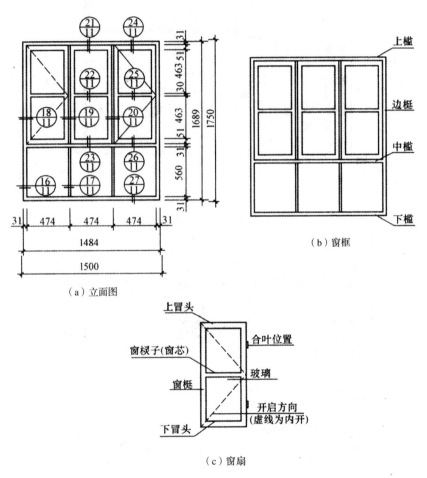

（a）立面图   （b）窗框

（c）窗扇

图 3-34 木窗详图

图 3-34 为木窗详图，从图中可以了解以下内容：

1）立面图表明木窗的形式、开启方式和方向、主要尺寸及节点索引号。

2）窗立面图，说明有两个活扇向内开启。

3）立面图上注有三道尺寸：外面一道尺寸 1750mm×1500mm 是窗洞尺寸；中间一道尺寸 1689mm×1484mm 是窗樘的外包尺寸；里面一道尺寸是窗扇尺寸。

实例34：某建筑物剖面结构图识读

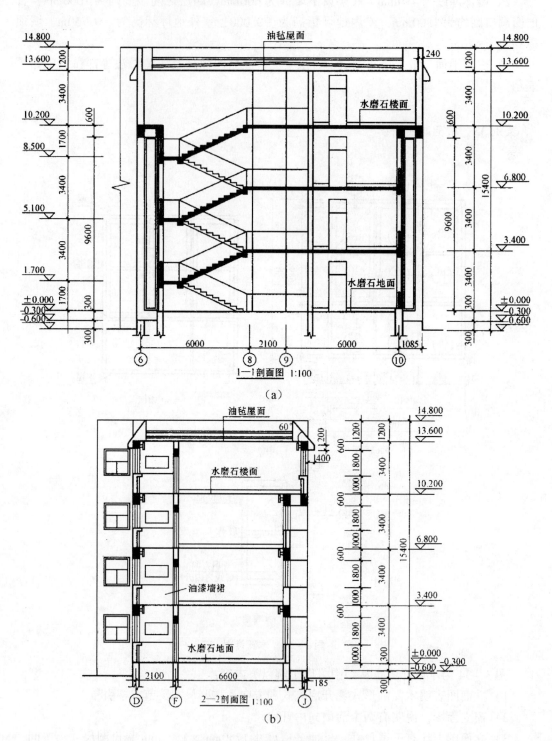

图 3 - 35 某建筑物剖面结构图

图3-35为某建筑物剖面结构图，从图中可以了解以下内容：

1）1-1剖面图的剖切位置通过每层楼梯的第二个梯段，而每层楼梯的第一个梯段则为未剖到而可见的梯段，但各层之间的休息平台是被剖切到的。图中的涂黑断面均为剖切到的钢筋混凝土构件的断面。该办公楼的屋顶为平屋顶，利用屋面材料做出坡度形成双坡排水，檐口采用包檐的形式。办公楼的层高为3.4m，室内外地面的高差为0.6m，檐口的高度为1.2m。另外，从图中还可以得知各层楼面、休息平台面、屋面、檐口顶面的标高尺寸。

2）图中注写的文字表明办公楼采用水磨石楼、地面，屋面为油毡屋面。

实例35：坡道构造图识读

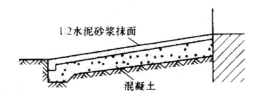

（a）混凝土坡道

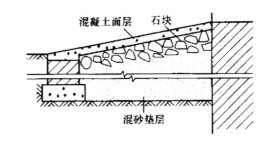

（b）坡石坡道

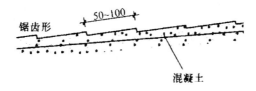

（c）防滑锯齿槽坡道

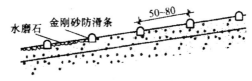

（d）防滑条坡道

图3-36　坡道构造图

图 3 - 36 为坡道构造图,从图中可以了解以下内容:

1) 由图 (a) 可以看出,混凝土坡道是将素土夯实后,铺上一层混凝土,并用1:2 的水泥砂浆抹面。

2) 由图 (b) 可以看出,块石坡道是在夯实土的基础上铺一层混凝土砂浆然后铺上石块,再铺一层混凝土面层。

3) 图 (c) 是用混凝土砌成锯齿状。

4) 图 (d) 是在坡土上设置水磨石,并每隔 50~80mm 设置一条金刚砂防滑条。

实例 36:茶室平面图识读

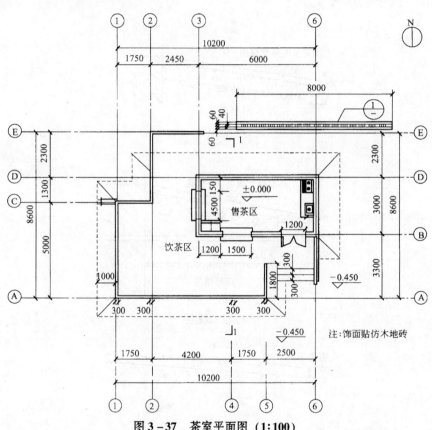

图 3 - 37   茶室平面图 (1:100)

图 3 - 37 为茶室平面图,从图中可以了解以下内容:

1) 图中的茶室后面的篱笆给出了索引标注,表示关于篱笆的详图对应本图中编号为 1 的图示。

2) 茶室的总长为 10.20m,总宽为 8.60m;中间一道是轴间尺寸,一般表示建筑物的开间和进深,如图中的 1.750m、4.20m 便是柱子之间的尺寸;最里一道是细部尺寸,如图中的茶室门窗、窗台和立柱等的尺寸及其相对位置关系。

3) 室内地坪作为基准标高,标注为 ±0.000,室外相对于室内的标高为 -0.450m,也就是说,室外地坪相对于室内地坪低 0.45m。

实例37：茶室剖面图识读

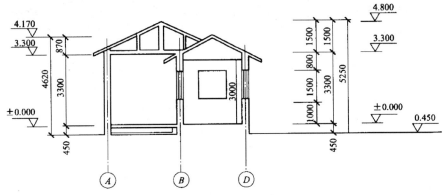

图3-38 茶室的1-1剖面图

图3-38为茶室1-1剖面图，从图中可以了解以下内容：

1）茶室的总高度是5.25m；中间一道是层高尺寸，主要表示各层次的高度；最里一道是门窗洞、窗间墙及勒脚等的高度尺寸，由图可以看出，窗洞高为1.5m，距离室内地坪1.0m。

2）图中的±0.000是室内铺完地板之后的表面高度。

3.3 园林工程施工图

实例38：拱桥总体布置图识读

图3-39为拱桥总体布置图，从图中可以了解以下内容：

1）此平面图一半表达外形，一半采用分层局部剖面表达桥面各层构造。平面图还表达了栏杆的布置和檐石的表面装修要求。

2）此立面图采用半剖，主要表达拱桥的外形、内部构造、材料要求和主要尺寸。

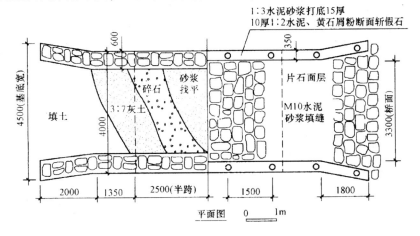

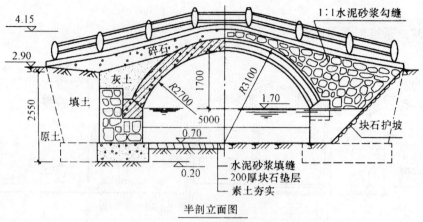

半剖立面图

图 3 - 39 拱桥总体布置图

实例 39：拱桥构件详图识读

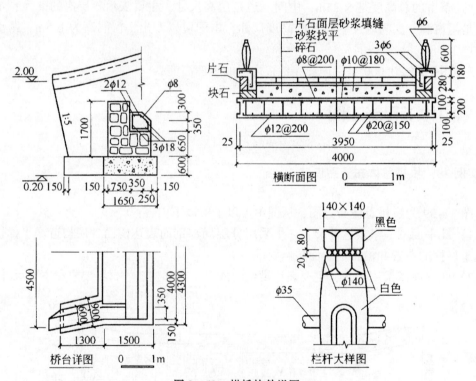

图 3 - 40 拱桥构件详图

图 3 - 40 为拱桥构件详图，从图中可以了解以下内容：

1）桥台详图表达桥台各部分的详细构造和尺寸、台帽配筋情况。

2）横断面图表达拱圈和拱上结构的详细构造和尺寸以及拱圈和檐石望柱的配筋情况。

3）图中有栏杆望柱的大样图。

实例 40：花架柱脚连接节点结构详图识读

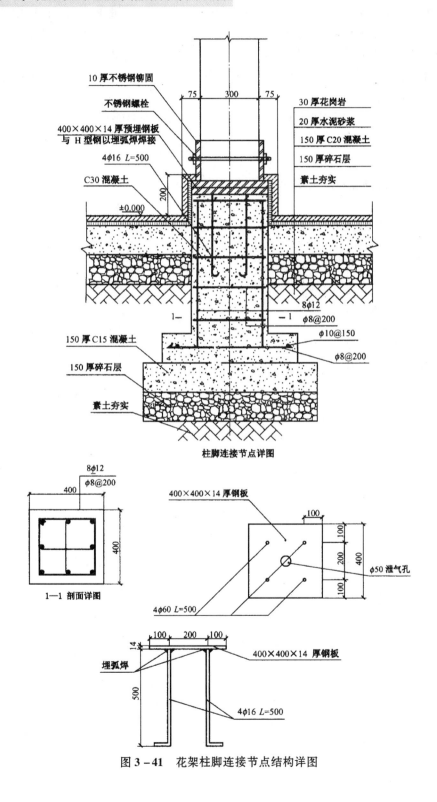

图 3-41 花架柱脚连接节点结构详图

图 3 – 41 为花架柱脚连接节点结构详图，从图中可以了解以下内容：

1）柱地基采用素土夯实，上铺设碎石和 C15 混凝土垫层的厚度均为 150mm。

2）柱基础配筋配八根直径为 12mm 的 HRB335 级钢筋，即 8 ⊈ 12，箍筋用的是直径 8mm 的 HPB300 级钢筋，每隔 200mm 设置一箍筋，即 $\phi 8@200$，基础顶部用一块长、宽均为 400mm，厚为 14mm 的钢板盖顶，下面以埋弧焊的方式与 4 根长为 500mm、直径为 16mm 的 H 型钢焊接，即 $4\phi 16 L = 500$，H 型钢筋以直角弯钩的方式与下端钢筋搭接。采用 C30 混凝土浇灌柱基础主体。

3）花架柱采用的是防腐木材质，柱子下端用厚度为 10mm 的不锈钢铆包裹并用不锈钢螺栓贯穿木柱固定。

实例 41：某园路纵断面图识读

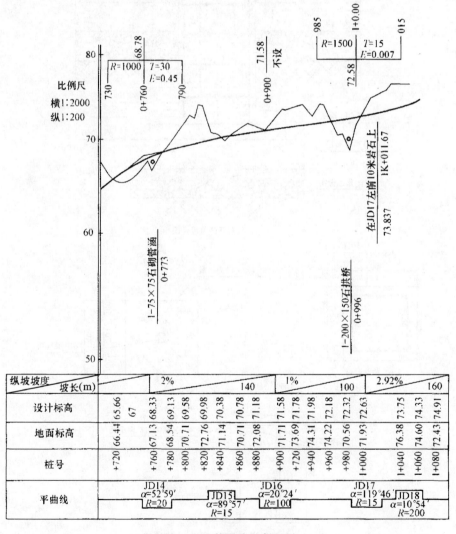

图 3 – 42 某园路纵断面图

图 3 – 42 为某园路纵断面图，从图中可以了解以下内容：

在 K0 + 760 处有一半径为 1000m 的凸竖曲线，在 K1 + 1000 处有一半径为 1500m 的凹竖曲线，在 K0 + 760 ~ K0 + 900 的纵坡坡度为 2%，坡长为 140m，K0 + 900 ~ K0 + 0.00 的纵坡坡度为 1%，坡长为 100m，K1 + 0.00 ~ K1 + 80 的纵坡坡度为 2.92%，坡长为 160m。还有 5 个平曲线，分别在 K0 + 760，K0 + 840，K0 + 900，K1 + 0.00 和 K1 + 40.00 处，半径分别为 20m、15m、100m、15m、200m。

实例 42：石板嵌草路构造图识读

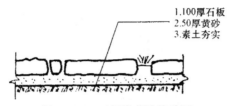

1.100厚石板
2.50厚黄砂
3.素土夯实

图 3 – 43 石板嵌草路构造图

图 3 – 43 为石板嵌草路构造图，从图中可以了解以下内容：
1）先将素土夯实。
2）然后平铺厚度为 50mm 的黄砂。
3）最后铺设厚度为 100mm 的石板。
4）石缝为 30 ~ 50mm，中间嵌草。

实例 43：卵石嵌花路构造图识读

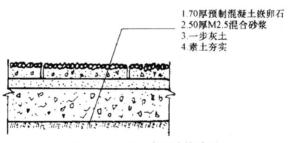

1.70厚预制混凝土嵌卵石
2.50厚M2.5混合砂浆
3.一步灰土
4.素土夯实

图 3 – 44 卵石嵌花路构造图

图 3 – 44 为卵石嵌花路构造图，从图中可以了解以下内容：
1）先将素土夯实然后铺一步灰土。
2）再平铺厚度为 50mm 的 M2.5 混合砂浆。
3）最后将厚度为 70mm 的预制混凝土嵌卵石平铺于混合砂浆上。

实例 44：卵石路构造图识读

图 3 – 45 为卵石路构造图，从图中可以了解以下内容：

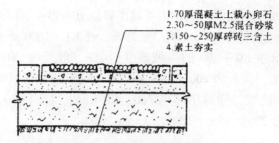

图 3-45　卵石路构造图

1）先将素土夯实。

2）再铺一层厚度为 150~250mm 的碎砖三合土。

3）然后浇筑一层厚度为 30~50mm 的 M2.5 混合砂浆。

4）最后铺上一层厚度为 70mm 的混凝土栽小卵石块。

实例 45：沥青碎石路构造图识读

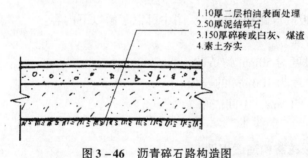

图 3-46　沥青碎石路构造图

图 3-46 为沥青碎石路构造图，从图中可以了解以下内容：

1）先将底层素土夯实。

2）再铺一层厚度为 150mm 的碎砖或白灰、煤渣。

3）然后平铺一层厚度为 50mm 的泥结碎石。

4）最后用厚度为 10mm 的二层柏油作表面处理。

实例 46：预制混凝土方砖路构造图识读

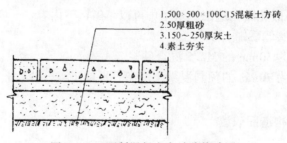

图 3-47　预制混凝土方砖路构造图

图 3-47 为预制混凝土方砖路构造图，从图中可以了解以下内容：

1）先将素土夯实。

2）然后铺厚度为 150~250mm 的灰土。

3）再平铺厚度为 50mm 的粗砂。

4）最后平铺规格为 500mm×500mm×100mm 的 C15 混凝土方砖。

实例 47：现浇水泥混凝土路构造图识读

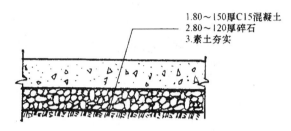

图 3-48 现浇水泥混凝土路构造图

图 3-48 为现浇水泥混凝土路构造图，从图中可以了解以下内容：

1）先将素土夯实。

2）再平铺厚度为 80~120mm 的碎石。

3）最后浇筑厚度为 80~150mm 的 C15 混凝土。

实例 48：步石构造图识读

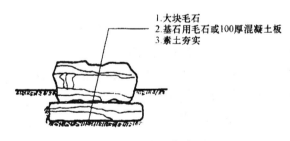

图 3-49 步石构造图

图 3-49 为步石构造图，从图中可以了解以下内容：

1）先将底层素土夯实。

2）然后用毛石或厚度为 100mm 的混凝土板作基石。

3）最后将大块毛石埋置于基石上。

实例 49：礓礤做法示意图识读

图 3-50 为礓礤做法示意图，从图中可以了解以下内容：

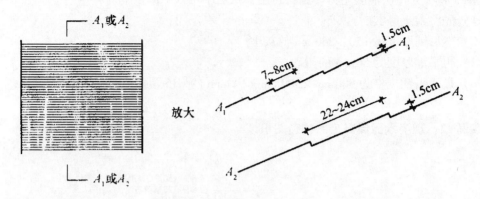

图 3 – 50　礓礤做法示意图

1）A_1A_1 的礤高为 1.5cm，宽为 7 ~ 8cm。

2）A_2A_2 的礤高为 1.5cm，宽为 22 ~ 24cm。

实例50：灌木护坡构造图识读

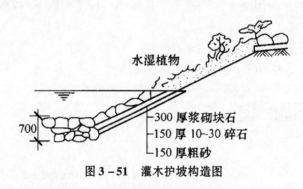

图 3 – 51　灌木护坡构造图

图 3 – 51 为灌木护坡构造图，从图中可以了解以下内容：

1）灌木护坡的正常水位下采用的是厚度为 150mm 的粗砂、厚度为 150mm 的 10 ~ 30 碎石和厚度为 300mm 浆砌块石做成的护坡。

2）正常水位上用水湿植物做成护坡。

实例51：水池底构造图识读

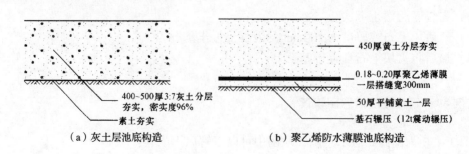

（a）灰土层池底构造　　　　（b）聚乙烯防水薄膜池底构造

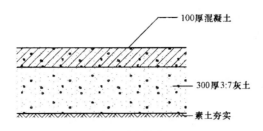

（c）混凝土池底构造

图 3 – 52　水池底构造图

图 3 – 52 为水池底的构造图，从图中可以了解以下内容：

1）灰土层池底由素土夯实后在池底做厚度为 40 ~ 45cm 的 3:7 灰土层。

2）聚乙烯防水薄膜池底构造是在基石碾压后平铺二层厚度为 50mm 黄土，再做厚度为 0.18 ~ 0.20mm 的聚乙烯薄膜，然后再用厚度为 450mm 黄土夯实。

3）混凝土池底先将池底素土夯实，再用 3:7 灰土平铺厚度为 300mm，然后再铺设厚度为 100mm 的混凝土。

实例 52：堆砌山石水池构造图识读

（a）堆砌山石水池池壁（岸）处理

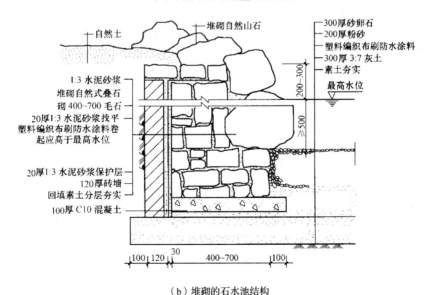

（b）堆砌的石水池结构

图 3 – 53　堆砌山石水池的基本做法

图 3-53 为堆砌山石水池的基本做法,从图中可以了解以下内容:

1) 池壁的构造是先将回填素土分层夯实,然后砌厚度为 120mm 的砖墙,其上设厚度为 20mm 的 1:3 水泥砂浆保护层。再将厚度为 20mm 的 1:3 水泥砂浆找平,塑料编织布刷防水涂料卷起应高于最高水位,然后砌厚度为 400~700mm 的毛石,最后用 1:3 水泥砂浆堆砌自然式叠石。

2) 池底构造是先将素土夯实,然后平铺厚度为 300mm 的 3:7 灰土,然后敷塑料编织布并涂刷防水涂料,再铺设厚度为 200mm 的粉砂,最后铺设厚度为 300mm 的砂卵石。

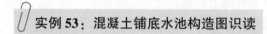

实例 53:混凝土铺底水池构造图识读

(a) 混凝土铺底水池池壁(岸)处理

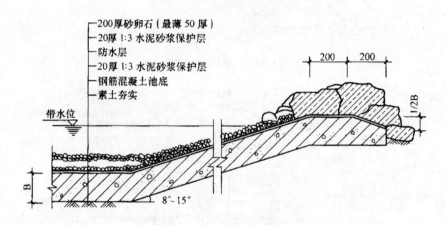

(b) 混凝土铺底水池结构

图 3-54　混凝土铺底水池的构造

图 3-54 为混凝土铺底水池的构造,从图中可以了解以下内容:

1) 先素土夯实。

2) 铺设钢筋混凝土池底。

3) 铺设厚度为 20mm 的 1:3 水泥砂浆保护层。

4) 铺设防水层。

5）再次铺设厚度为 20mm 的 1∶3 水泥砂浆保护层。

6）最后铺设厚度为 200mm 的砂卵石，最薄处为 50mm 厚。

实例 54：混凝土仿木桩水池构造图识读

（a）混凝土仿木桩水池池壁（岸）处理

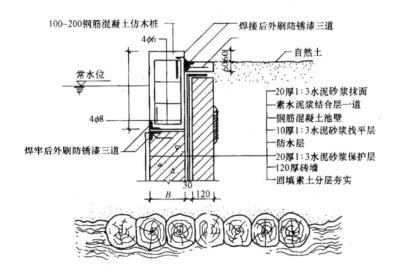

（b）混凝土仿木桩池岸平石

图 3 - 55　混凝土仿木桩水池的构造

图 3 - 55 为混凝土仿木桩水池的构造，从图中可以了解以下内容：

1）先将回填素土分层夯实。

2）再砌厚度为 120mm 的砖墙。

3）铺设厚度为 20mm 的 1∶3 水泥砂浆保护层，铺设防水层，然后用厚度为 10mm 的 1∶3 水泥砂浆找平。

4）浇筑钢筋混凝土池壁。

5）用素水泥浆涂刷结合层一道，再用厚度为 20mm 的 1∶3 水泥砂浆抹平。

实例 55：玻璃布沥青防水层水池结构图识读

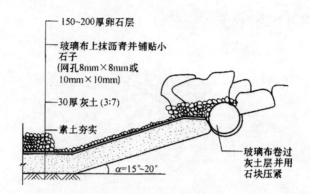

图 3-56　玻璃布沥青防水层水池的构造

图 3-56 为玻璃布沥青防水层水池的构造，从图中可以了解以下内容：

1) 先将素土夯实后铺设厚度为 30mm 的 3:7 灰土。
2) 然后将玻璃布上抹沥青并铺贴一层小石子。
3) 最后铺设一层厚度为 150~200mm 的卵石。

实例 56：油毡防水层水池结构图识读

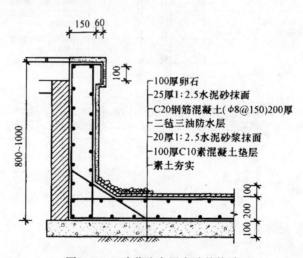

图 3-57　油毡防水层水池的构造

图 3-57 为油毡防水层水池的构造，从图中可以了解以下内容：

1) 先将素土夯实后，铺设厚度为 100mm 的 C10 素混凝土垫层。
2) 用 1:2.5 水泥砂浆抹面 20mm 厚后，铺贴二毡三油防水层。
3) 浇筑 C20 钢筋混凝土。
4) 抹厚度为 25mm 的 1:2.5 水泥砂浆后，铺设厚度为 100mm 的卵石。

实例57：三元乙丙橡胶防水层水池结构图识读

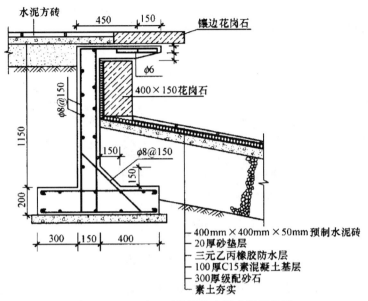

图3-58 三元乙丙橡胶防水层水池的构造

图3-58为三元乙丙橡胶防水层水池的构造，从图中可以了解以下内容：

1）素土夯实后，平铺厚度为300mm的级配砂石，再浇筑厚度为100mm的C15素混凝土基层。

2）铺设三元乙丙橡胶防水层。

3）铺设厚度为20mm的砂垫层，再铺设规格为400mm×400mm×50mm的预制水泥砖。

实例58：卵石护坡小溪剖面结构图识读

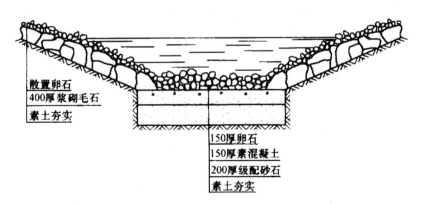

图3-59 卵石护坡小溪剖面结构图

图3-59为卵石护坡小溪剖面结构图，从图中可以了解以下内容：

1）一般先将溪底素土夯实，然后铺设厚度为200mm的级配砂石，再浇筑厚度为150mm的素混凝土，最后平铺厚度为150mm的卵石。

2）护坡是先将素土夯实，再砌厚度为400mm的浆砌毛石，最后散置一层卵石层。

实例59：自然山石草护坡小溪剖面结构图识读

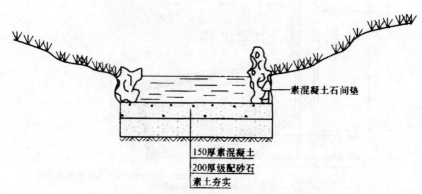

图3-60　自然山石草护坡小溪剖面结构图

图3-60为自然山石草护坡小溪剖面结构图，从图中可以了解以下内容：

1）先将素土夯实。

2）再铺设厚度为200mm的级配砂石。

3）最后浇筑厚度为150mm的素混凝土。

实例60：溪边迎水面局部构造图识读

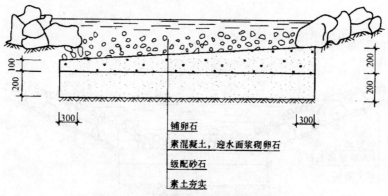

图3-61　溪边迎水面局部构造图

图3-61为溪边迎水面局部构造图，从图中可以了解以下内容：

1）先将素土夯实。

2）再铺一层厚度为200mm的级配砂石。

3）然后用素混凝土在迎水面砌浆砌卵石。

4）最后再铺一层卵石。

实例61：喷水池底构造图识读

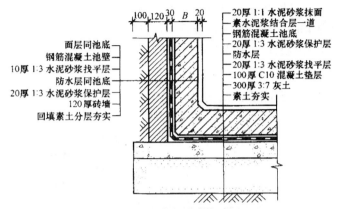

图3-62 喷水池底构造图

图3-62为喷水池底构造图，从图中可以了解以下内容：

1）将喷水池底素土夯实后铺厚度为300mm的3:7灰土，然后浇筑厚度为100mm的C10混凝土垫层。

2）将混凝土垫层用厚度为20mm的1:3水泥砂浆找平后，铺设防水层。

3）在已铺设的防水层上用厚度为20mm的1:3水泥砂浆做保护层。

4）浇筑钢筋混凝土喷水池底。

5）素水泥浆结合层一道，并用厚度为20mm的1:1水泥砂浆抹面。

实例62：伸缩缝构造图识读

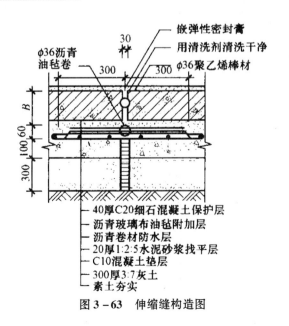

图3-63 伸缩缝构造图

图3-63为伸缩缝构造图，从图中可以了解以下内容：

1）先将素土夯实后，平铺厚度为300mm的3∶7灰土。

2）浇筑C10混凝土垫层，并用厚度为20mm的1∶2.5水泥砂浆找平。

3）铺设沥青防水层及沥青玻璃布油毡附加层。

4）铺设厚度为40mm的C20细石混凝土保护层。

5）将伸缩缝清洗干净后，嵌入弹性密封膏。

实例63：瀑布承水潭池底结构图识读

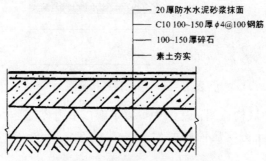

图3-64　瀑布承水潭池底结构图

图3-64为瀑布承水潭池底结构图，从图中可以了解以下内容：

1）先将素土夯实。

2）再平铺厚度为100~150mm的碎石。

3）然后浇筑厚度为100~150mm的C10钢筋混凝土。

4）最后用20mm厚防水水泥砂浆抹面。

实例64：重檐金柱构造图识读

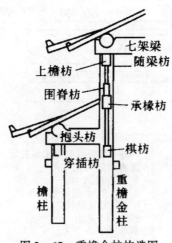

图3-65　重檐金柱构造图

图3-65为重檐金柱构造图，从图中可以了解以下内容：

1）重檐金柱是柱在金柱位置上贯穿上、下屋檐的柱子，上端为上层的檐柱，下端为金柱。

2）正身重檐金柱面阔方向的构件由下而上有：棋枋、承椽枋、围脊枋、上檐枋（或额枋）；进深方向的构件由下而上有：穿插枋、抱头枋、随梁枋和七架梁。

实例65：板亭结构图识读

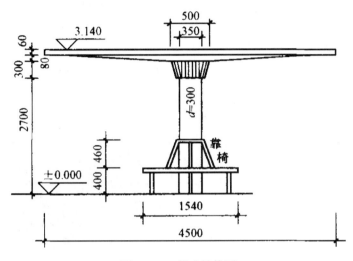

图3-66　板亭结构图

图3-66为板亭结构图，从图中可以了解以下内容：

1）板亭为独立支撑悬臂板的结构形式。

2）板下结构长为2.7m，柱下设置高度为0.4m的固定座椅。

3）柱身直径为0.3m，亭顶的直径为4.5m。

实例66：钢管构架亭结构图识读

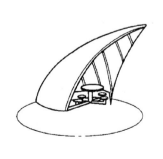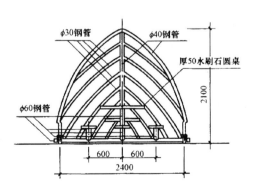

图3-67　钢管构架亭结构图

图 3-67 为钢管构架亭结构图，从图中可以了解以下内容：

1) 受力部位用 φ40 钢管支撑，其他杆件用 φ30 钢管。

2) 亭高为 2100mm，亭宽为 2400mm，亭中的凳子距亭中心为 600mm。

实例 67：竹廊构造图识读

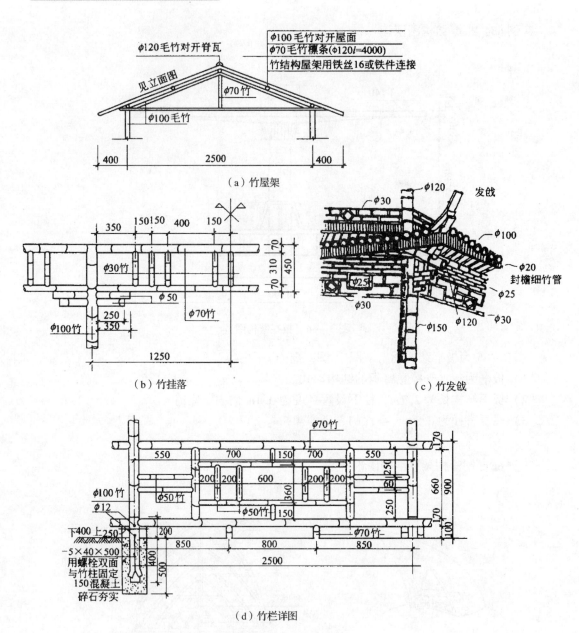

图 3-68 竹廊构造图

图 3-68 为竹廊构造图，从图中可以了解以下内容：

1) 竹廊为双坡单道，宽度为 2500mm，纵向柱距为 2500mm，高度按常规为

2800mm，廊内外的地坪标高相同。

2）有挂落、栏杆等装饰设置，在廊的转角处做发戗艺术处理。

3）各种杆件均以竹材制作。

实例68：游廊剖面图识读

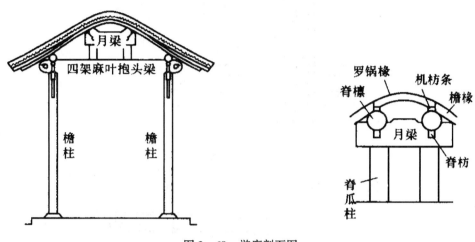

图3-69 游廊剖面图

图3-69为游廊剖面图，从图中可以了解以下内容：

图示为四架梁，在四架梁上立瓜柱或托墩，再施以月梁，承托两根脊檩。在脊檩上采用罗锅椽。

实例69：钢筋混凝土平凳构造图识读

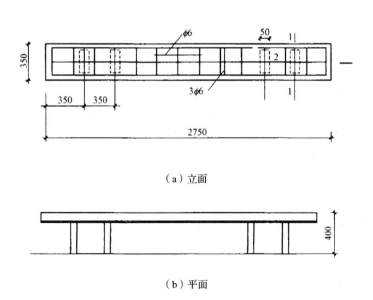

（a）立面

（b）平面

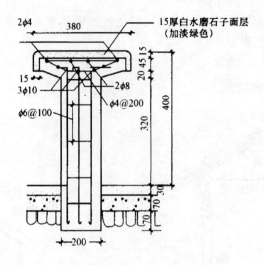

（c）1—1剖面

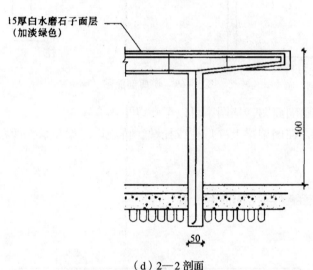

（d）2—2剖面

图3-70　钢筋混凝土平凳构造图

图3-70为钢筋混凝土平凳构造图，从图中可以了解以下内容：

1）凳面长度为2750mm，宽度为380mm，高度为400mm，凳面置2根ϕ4、2根ϕ8和3根ϕ10的横向钢筋，凳腿钢筋为ϕ6，间距为100mm。

2）凳腿埋深为170mm，凳腿间距为350mm，凳腿宽度为200mm，厚度为50mm，凳面采用厚度为15mm的白水磨石子面层。

实例70：井下操作立式阀门井构造图识读

图3-71为井下操作立式阀门井构造图，从图中可以了解以下内容：

井口直径为700mm，井壁厚度为240mm，井内阀门高度不得低于最高水位。

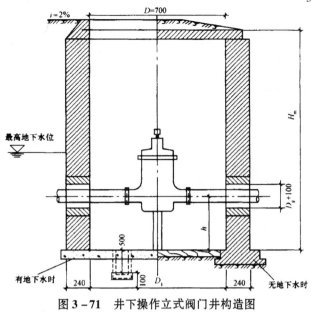

图 3-71 井下操作立式阀门井构造图

实例 71：普通检查井构造图识读

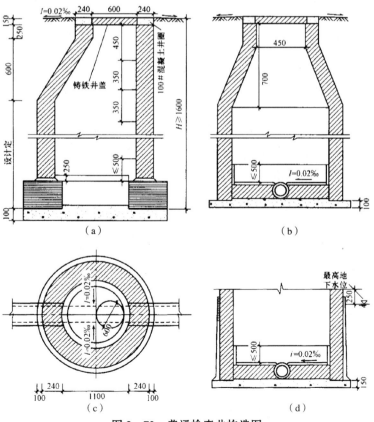

（a）　　　　　　　　　　　（b）

（c）　　　　　　　　　　　（d）

图 3-72 普通检查井构造图

图3-72为普通检查井构造图，从图中可以了解以下内容：

普通检查井高度一般不小于1.6m，井圈用混凝土浇筑，井盖为铸铁井盖。

实例72：化粪池构造图识读

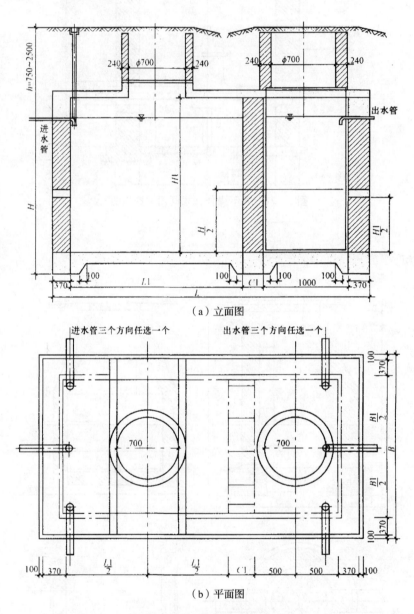

（a）立面图

（b）平面图

图3-73 化粪池构造图

图3-73为化粪池构造图，从图中可以了解以下内容：

1）化粪池的井口直径一般为700mm，井壁厚度为240mm。

2）化粪池池壁厚度为370mm，化粪池一般有3个方向的进水管和3个方向的出水管，进水管与出水管距地面的距离为750~2500mm。

实例 73：阶梯式跌水井构造图识读

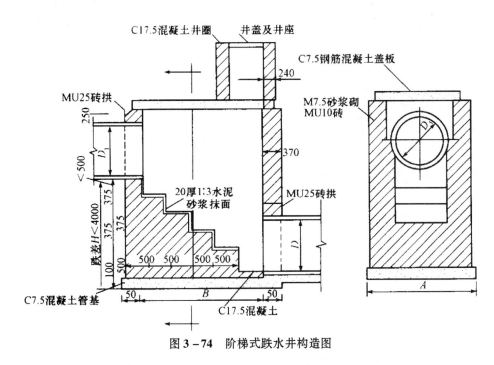

图 3-74 阶梯式跌水井构造图

图 3-74 为阶梯式跌水井构造图，从图中可以了解以下内容：

1）阶梯式跌水井的阶梯跌差应小于 4000mm，并用 1:3 水泥砂浆抹面，管道应伸入管基 50mm。

2）井壁厚度为 370mm，井座壁厚为 240mm，井盖为 C7.5 钢筋混凝土盖板。

实例 74：某市广场喷泉三视图识读

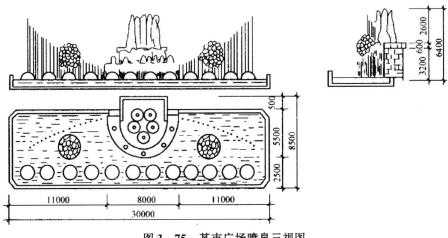

图 3-75 某市广场喷泉三视图

图 3-75 为某市广场喷泉三视图，从图中可以了解以下内容：

1）喷水池为矩形，长度为 30m，宽度为 8m。

2）采用半地下式泵房，有一半嵌进水池内，门窗则设在水池外侧，以减少泵房占地，同时又使泵房成为景观组成部分，屋顶用作小水池，内设 5 个大型冰塔喷头，溅落的水流经二级跌水落进矩形水池内。

3）在二级水池内安装 5 个涌泉喷头，以增加水量，保证水幕的连续。

4）为增加景观层次，在矩形水池前布置一排半球形喷头 12 个，在池的两侧设计 2 个直径为 2.5m 水晶绣球喷头，在水晶球后，布置一排弧形直射喷头，最大喷高为 6.4m。

5）整个喷泉设计新颖活泼，水姿层次丰富，配光和谐得体，具有很好的造型效果。

实例75：水池内设置集水坑示意图识读

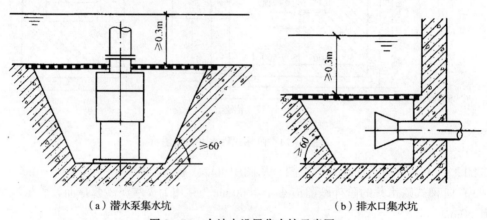

（a）潜水泵集水坑　　　　　　　　（b）排水口集水坑

图 3-76　水池内设置集水坑示意图

图 3-76 为水池内设置集水坑示意图，从图中可以了解以下内容：

无论是潜水泵集水坑还是排水口集水坑，都至少位于水面下 0.3m。

实例76：吸水口上设置挡板示意图识读

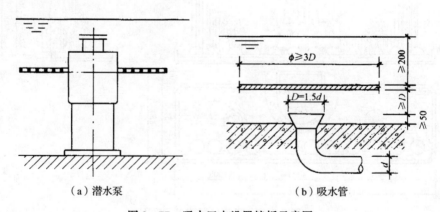

（a）潜水泵　　　　　　　　　（b）吸水管

图 3-77　吸水口上设置挡板示意图

图 3 - 77 为吸水口上设置挡板示意图，从图中可以了解以下内容：

为了防止淤塞而设置的挡板应至少位于水面上 200mm，挡板宽度应大于 3 倍的吸水口，吸水口直径应为排水管直径的 1.5 倍，挡水板距吸水口的位置应大于吸水口直径，吸水口外露池底部分不应小于 50mm。

实例 77：墙趾台阶尺寸示意图识读

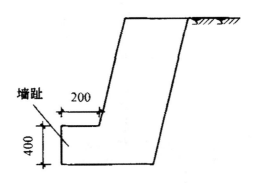

图 3 - 78　墙趾台阶尺寸示意图

图 3 - 78 为墙趾台阶尺寸示意图，从图中可以了解以下内容：

墙趾台阶高度为 400mm，趾宽为 200mm。

实例 78：基础嵌入岩层示意图识读

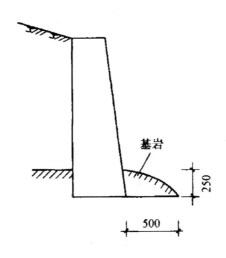

图 3 - 79　基础嵌入岩层示意图

图 3 - 79 为基础嵌入岩层示意图，从图中可以了解以下内容：

挡土墙嵌入岩层的宽度为 500mm，深度为 250mm。

实例79：悬臂式挡土墙配筋图识读

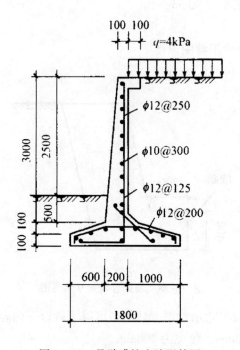

图3-80　悬臂式挡土墙配筋图

图3-80为悬臂式挡土墙配筋图，从图中可以了解以下内容：

1）该挡土墙基础宽度为1800mm，墙身高度为3200mm，墙面活载为4kPa。

2）纵向配筋为$\phi12$，地面以上间距为250mm，地面以下间距为125mm。

3）横向配筋为$\phi10$，间距为300mm。

实例80：某游园假山工程施工图识读

图3-81为某游园假山工程施工图，从图中可以了解以下内容：

1）该图为驳岸式假山工程。

2）图中所示，该山体处于横向轴线⑫、⑬与纵向轴线Ⓖ的相交处，长约16m，宽约6m，呈狭长形，中部设有瀑布和洞穴，前后散置山石。

3）由图可知，假山主峰位于中部偏左，高为6m，位于主峰右侧的4m高处设有二迭瀑布，瀑布右侧置有洞穴及谷壑。

4）由图可知，1-1剖面是过瀑布剖切的，假山山体由毛石挡土墙和房山石叠置而成，挡土墙背靠土山，山石假山面临水体，两级瀑布跌水标高分别为3.80m和2.30m。2-2剖面取自较宽的⑬轴附近，谷壑前散置山石，增加了前后层次。

5）由于本例基础结构简单，基础剖面图绘在假山剖面图中，毛石基础底部标高为-1.50m，顶部标高为-0.30m。

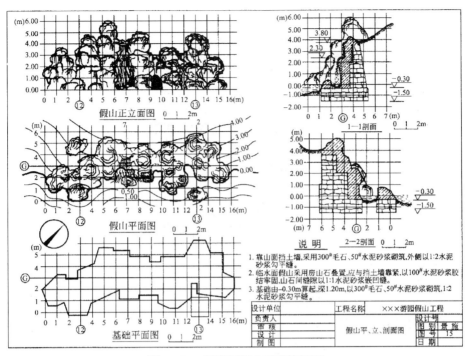

图 3-81 某游园假山工程施工图

实例81：假山石基础的桩基础施工图识读

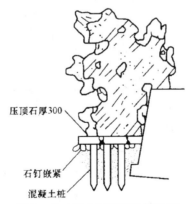

图 3-82 假山石基础的桩基础

图 3-82 为假山石基础的桩基础，从图中可以了解以下内容：

桩基础是一种传统的基础做法，用石钉将厚度为 300mm 的压顶石与混凝土桩嵌紧，压顶石上置假山石。

实例82：假山石基础的混凝土基础施工图识读

图 3-83 为假山石基础的混凝土基础，从图中可以了解以下内容：

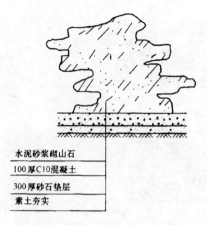

图 3 – 83 假山石基础的混凝土基础

1）先将素土夯实。

2）再铺一层厚度为 300mm 的砂石垫层。

3）然后再打一层厚度为 100mm 的 C10 混凝土。

4）最后用水泥砂浆砌山石。

实例 83：假山石基础的浆砌块石基础施工图识读

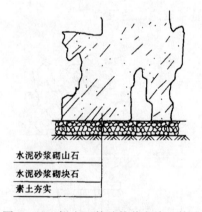

图 3 – 84 假山石基础的浆砌块石基础

图 3 – 84 为假山石基础的浆砌块石基础，从图中可以了解以下内容：

1）先用素土夯实。

2）再用水泥砂浆砌块石。

3）最后用水泥砂浆砌石山。

实例 84：某游园方亭工程施工图识读

图 3 – 85 为某游园方亭工程施工图，从图中可以了解以下内容：

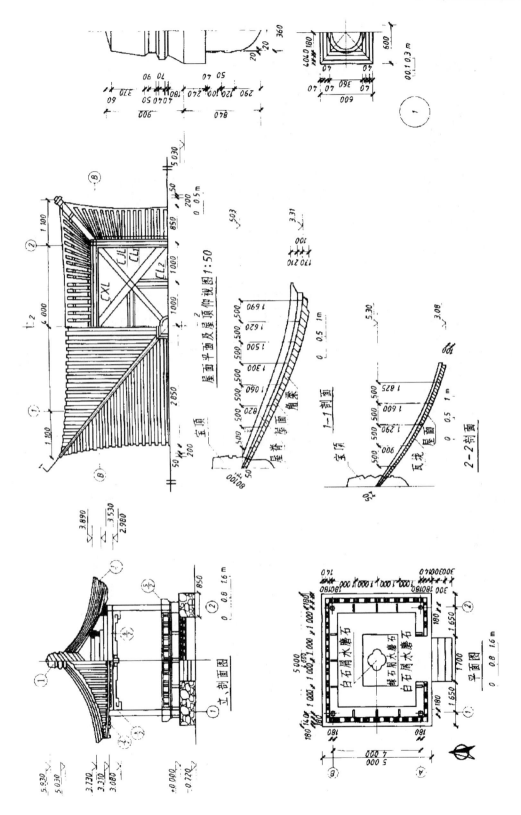

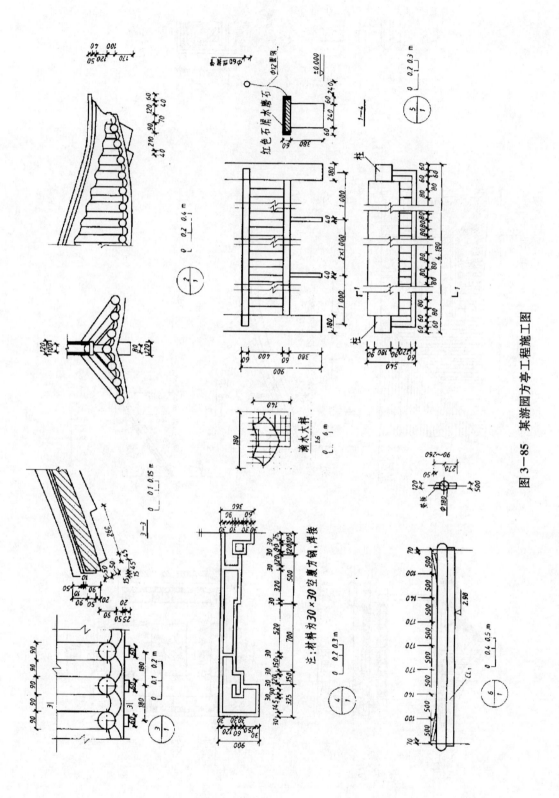

图 3—85　某游园方亭工程施工图

1）该方亭为正方形，柱中心距为 4.00m，方柱边长为 0.18m×0.18m；台阶为 4 步，踏步面长度为 1.70m，宽度为 0.30m；座椅沿四周设置，地面为水磨石分色装饰；台座长、宽均为 5.00m，朝向为坐北朝南。

2）由立、剖面图中可见该亭为攒尖顶方亭，结构形式为钢筋混凝土结构，由柱、梁、屋顶承重。梁下饰有挂落，下部设有座椅。台座高为 ±0.00m，台下地坪标高为 −0.72m，每步台阶高为 0.18m。台座为毛石砌筑，厚度为 0.85m，虎皮石饰面。宝顶标高为 5.93m，檐口标高为 3.08m，柱高为 2.98m。

3）由仰视图中可见，柱、梁的构造层次由下而上分别为柱、CL_1、CXL、CL_2、CJL（CL_1 表示第一道支撑梁，CXL 表示支撑斜梁，CL_2 表示第二道支撑梁、CJL 表示支撑角梁）。CL_1 外侧为双层假椽子，之上为屋檐。

4）由 1−1 剖面详图中可见，攒尖角梁为钢筋混凝土结构，纵向为曲线形状，由水平和垂直坐标控制；上端高 0.08m，下端高 0.17m，由上而下逐渐增高，宽 0.12m（见翘角详图），上端标高为 5.03m，下端标高为 3.31m。同时，屋面板及屋脊的形状、尺寸亦可随之确定。角梁与宝顶的相对位置如图所示。

5）由 2−2 剖面详图可见，屋面板为钢筋混凝土结构，断面呈曲线形状，由水平和垂直坐标控制；上边标高为 5.03m，厚 0.05m，下边标高为 3.08m，厚 0.10m，由上而下逐渐加厚。

6）由 1 号详图可见，宝顶上部为方棱锥形，下部呈圆柱形，其上饰有环形花纹，露出屋面高度为 0.90m，其余在屋面以下。

7）由 3 号详图可见屋檐立面的构造及做法，由上而下为瓦垄、滴水、屋面板、假椽子。滴水轮廓为曲线，尺寸如大样所示。

8）2 号详图表示了翘角形状以及角梁、屋面、屋脊的构造和尺寸。

9）4 号详图表示了挂落的形状和尺寸，挂落材料为 30×30 空腹方钢焊接而成。

10）由 5 号详图可见，座椅设于两柱之间，座板宽为 0.36m，厚为 0.06m，座板与靠背之间用间距为 0.08m 的 φ12 圆钢连接，坐板由板柱支承，间距如图所示。靠背用 φ60 钢管制作，与柱连接。坐板高为 0.40m，靠背高为 0.90m。

11）6 号详图是 CL_1 梁垫板详图。从图可见，垫板分别设置在 CL_1 梁的两侧。厚度自梁上部圆心算起为 0.09~0.26m，逐渐向两侧加厚，并做成向外的斜面，呈内高外低状，斜面高为 0.05m。从图中还可看到，CL_1 梁由下部矩形和上部圆形组成，尺寸如图所示（设置垫板的目的是控制屋面按设计曲线向两侧逐渐翘起）。

实例85：某游园驳岸工程施工图识读（一）

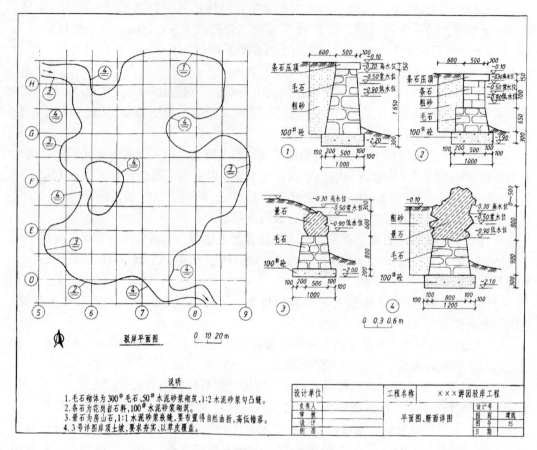

图3-86 某游园驳岸工程施工图（一）

图3-86为某游园驳岸工程施工图（一），从图中可以了解以下内容：

1）该岸工程共划分13个区段，分为四种构造类型，详见断面详图，其中1号详图为毛石驳岸、2号详图为条石驳岸、3号详图为土坡与山石驳岸、4号详图为山石驳岸。

2）岸顶地面标高均为 - 0.10m，常水位标高为 - 0.50m，最高水位标高为 - 0.30m，最低水位标高为 - 0.90m。

3）驳岸背水一侧填砂，以防驳岸受冻胀破坏。山石驳岸区段，景石布置要求自然曲折，高低错落，土坡驳岸区段，要造成缓坡入水、水草丛生的自然野趣。

实例86：某游园驳岸工程施工图识读（二）

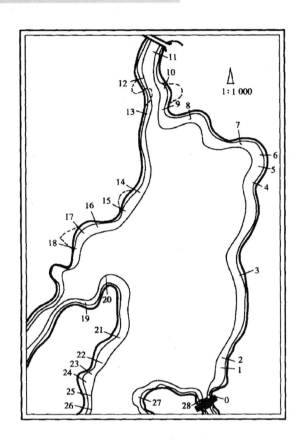

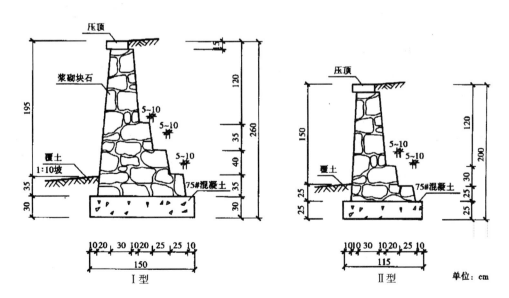

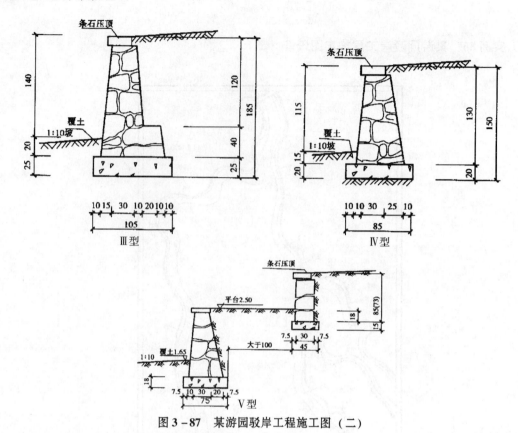

图 3－87　某游园驳岸工程施工图（二）

图 3－87 为某游园驳岸工程施工图（二），从图中可以了解以下内容：

1）在平面图上，依据全园常水位线地形条件，工程共划分 28 个断面位置，分成 25 个区段，有 5 种构造类型，见断面详图。

2）驳岸标高在 160～175cm 的为Ⅰ型，基础最宽且岸墙下面做成踏步式，以增加稳定性。驳岸标高在 145～155cm 的为Ⅱ型。其他的依次类推。

实例87：某水池驳岸工程施工图识读

图 3－88 为某水池驳岸平面图，从图中可以了解以下内容：

1）该水池驳岸自然曲折（方格网：5m×5m），驳岸工程共划分 5 个区段，分为五种构造类型。

2）通过详图索引符号，进一步见断面详图，如图 3－89～图 3－92 所示。其中① 号和②号详图为卵石驳岸，③号和④号详图为自然石驳岸。详图分别表达了组成该水池驳岸的构造、尺寸、材料、做法要求及主要部位标高等。

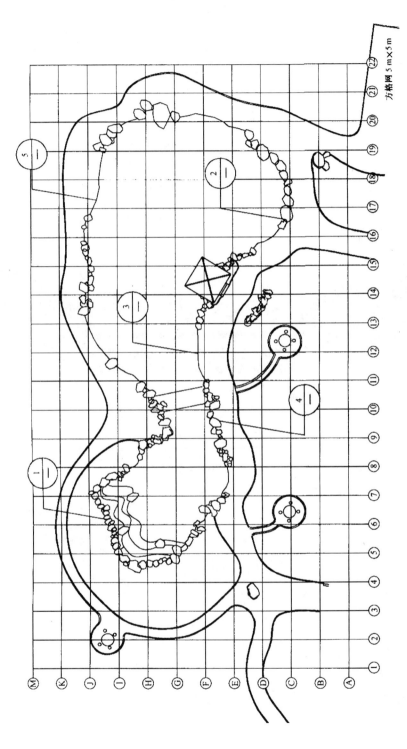

图 3—88　某水池驳岸平面图

方格网 5 m×5 m

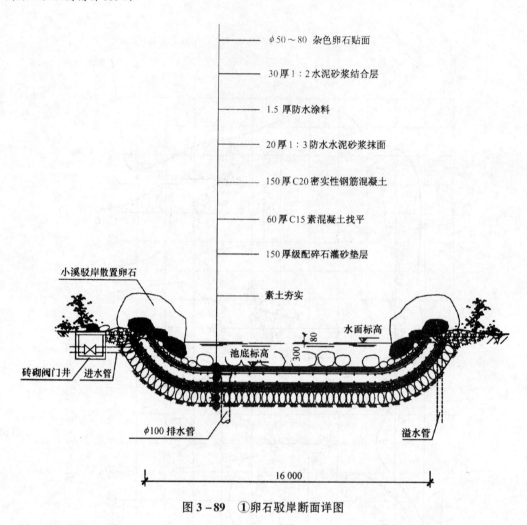

图 3-89 ①卵石驳岸断面详图

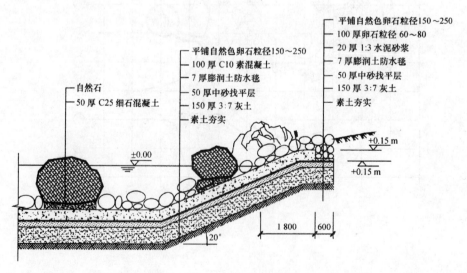

图 3-90 ②卵石驳岸断面详图

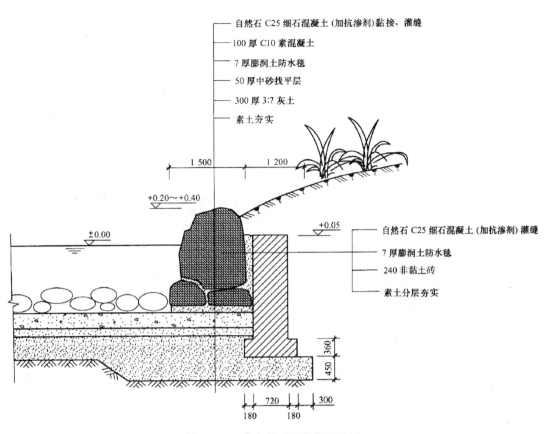

自然石 C25 细石混凝土 (加抗渗剂)黏接、灌缝

100 厚 C10 素混凝土

7 厚膨润土防水毯

50 厚中砂找平层

300 厚 3:7 灰土

素土夯实

+0.20~+0.40

±0.00

+0.05

自然石 C25 细石混凝土 (加抗渗剂) 灌缝

7 厚膨润土防水毯

240 非黏土砖

素土分层夯实

1 500　　1 200

360

450

180　720　180　300

图 3 – 91　③自然石驳岸断面详图

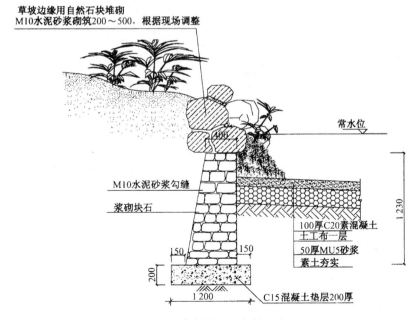

草坡边缘用自然石块堆砌
M10水泥砂浆砌筑200~500，根据现场调整

常水位

400

M10水泥砂浆勾缝

浆砌块石

100厚C20素混凝土
土工布一层
50厚MU5砂浆
素土夯实

1 230

150　150

200

1 200

C15混凝土垫层200厚

图 3 – 92　④自然石驳岸断面详图

实例88：某游园（局部）园路工程施工图识读

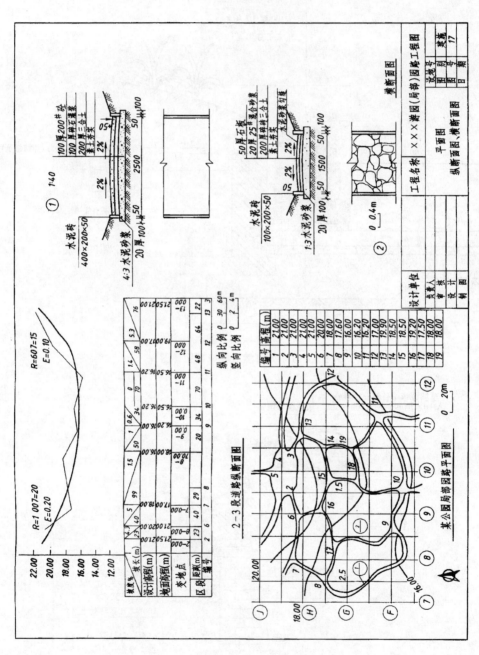

图3-93　某游园（局部）园路工程施工图

图 3 - 93 为某游园（局部）园路工程施工图，从图中可以了解以下内容：

1）该图平面布置形式为自然式，外围环路宽度为 2.5m，混凝土路面；环路以内自然布置游步道，宽度为 1.5m，乱石路面，具体做法见断面图所示。

2）如图道路纵断面图中的 7 号点处和越过 12 号点 10m 处，分别设置了凹形竖曲线。其中，字母 R 表示竖曲线的半径，T 表示切线长（变坡点至切点间距离），E 表示外距长（变坡点至曲线的距离），单位一律为 m。

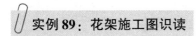

实例 89：花架施工图识读

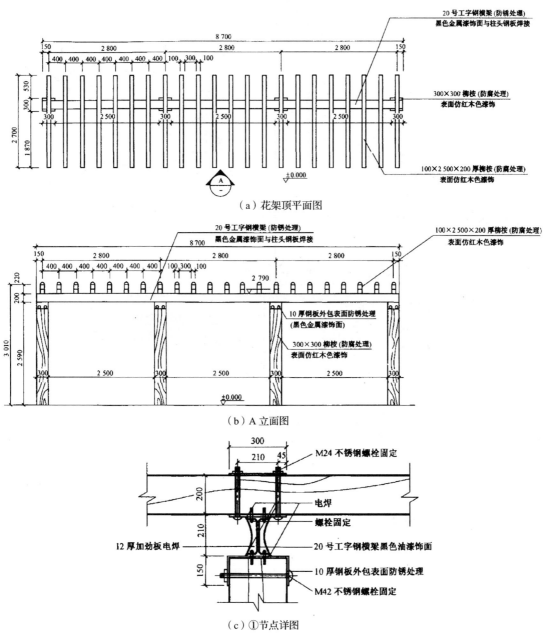

（a）花架顶平面图

（b）A 立面图

（c）①节点详图

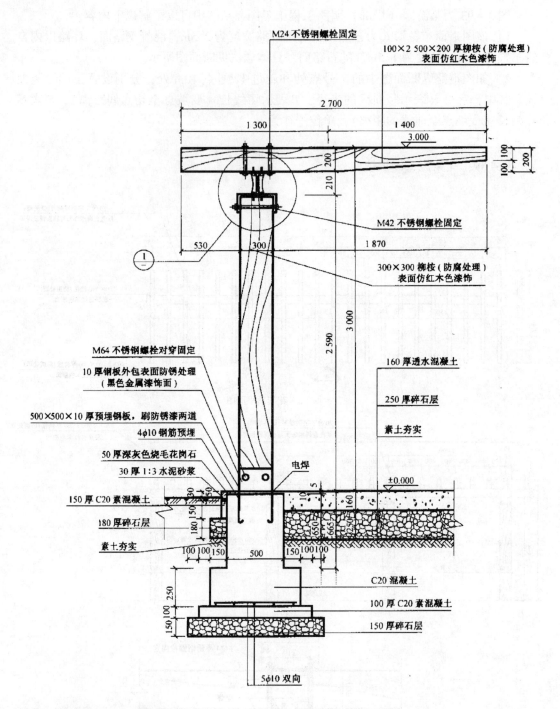

（d）花架立柱侧立面详图

图3－94　花架施工图

图 3-94 为花架施工图，从图中可以了解以下内容：

1）这种花架是先立柱，再沿柱子排列的方向布置梁，在两排梁上垂直于柱的方向设间距较小的枋，一端向外挑出悬臂。

2）从图（a）中了解平面形状和大小、轴间尺寸、柱的布置及断面形状。

3）从图（b）和（d）中可以明确花架的外貌形状、构造情况、施工方法及主要部位标高。

4）从图（c）中可见柱、梁、枋之间的连接方法。

实例90：电气系统图识读

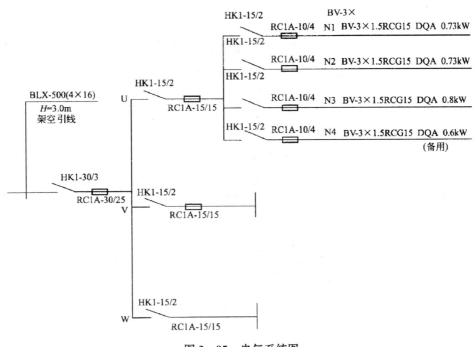

图 3-95　电气系统图

图 3-95 为电气系统图，从图中可以了解以下内容：

1）进户线用 4 根 BLX 型、耐压为 500V、截面积为 16mm² 的电线从户外电杆架空引入。

2）3 根相线接三刃单投胶盖切换开关（规格为 HK1-30/3），然后接入 3 个插入式熔断器（规格为 RC1A-30/25）。再将 U、V、W 三相各带一根零线引到分配电盘。

3）U 相到达底层分配电盘，通过双刃单投胶盖切换开关（规格为 HK1-15/2），接入插入式熔断器（规格为 RC1A-15/15），再分 N1、N2、N3 和一个备用支路，分别通过规格为 HK1-15/2 的胶盖切换开关和规格为 RC1A-10/4 的熔断器，各线路用直径为 5mm 的软塑料管沿地板并沿墙暗敷设。管内穿 3 根截面为 1.5mm² 的铜芯线。

实例91：某建筑照明平面图识读

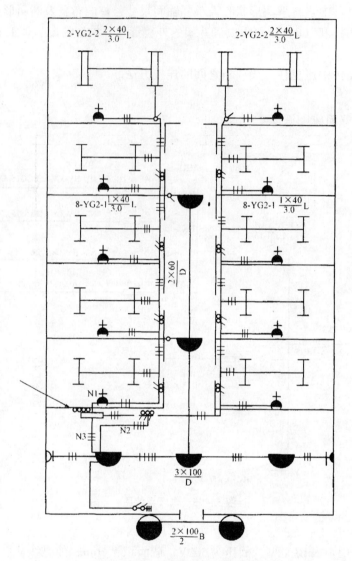

图3-96 某建筑照明平面图

图3-96为某建筑照明平面图，从图中可以了解以下内容：

1）由配电箱引三条供电回路N1、N2、N3和一条备用回路。

2）N1回路照明装置有8套YG单管1×40W荧光灯，悬挂高度距地3m，悬吊方式为链（L）吊；2套YG双管40W荧光灯，悬挂高度距地为3m，悬挂方式为链（L）吊。荧光灯均装有对应的开关，带接地插孔的单相插座有5个。

3）N2回路与N1回路相同。

4）N3回路上装有3套100W、2套60W的大棚灯和2套100W的壁灯。灯具装有相应的开关，带接地插孔的单相插座有2个。

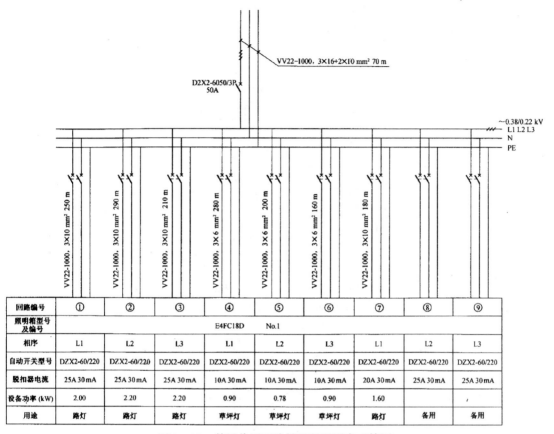

图3-97　某居住区环境景观照明配电系统图

图3-97为某居住区环境景观照明配电系统图，从图中可以了解以下内容：

1）图中标注了配电系统的主回路和各分支回路的配电装置及用途，开关电器与导线的型号规格、导线的敷设方式、相序等。

2）在图中，电源进线选用聚氯乙烯绝缘铠装铜芯电缆（型号为 VV22-1000 3×16mm² +2×10mm²），耐压1000V，5芯电缆，长度为70m，线径：3芯线为16mm²，其余2芯为10mm²，其中线径为16mm²的3芯为相线（标注为L1，L2，L3），其余1芯为零线（标注为N），1芯为保护线（PE线，图中的虚线，连接到专用接地线）。

3）配电箱（型号为E4FC18D）中共安装1个总开关和9个分支回路断路器。总开关选用DZX2-60/400 50三相断路器（断路器又名自动空气开关）作过流保护，额定电流50A（60表示断路器壳架电流，即为该型断路器可选择的最大额定电流，400代表电压等级，意为三相电路使用）。包括4个路灯回路、3个草坪灯回路和2个备用回路等9个分支回路均选用DZX2-60/220（60表示断路器壳架电流，220代表电压等级，意为单相电路使用）单相漏电断路器作过流和漏电保护，额定电流（脱扣器电流）见图中的表格（例如：脱扣器电流25A 30mA，表示额定电流25A，漏电保护动作电流

30mA），各分支回路选用的电缆的型号规格及使用说明同电源进线电缆。需要说明的是，为了保证三相电流平衡，分支回路 1、4、7 接在电源 L1 相，分支回路 2、5、8 接在电源 L2 相，分支回路 3、6、9 接在电源 L3 相。

实例93：密封型照明器示意图识读

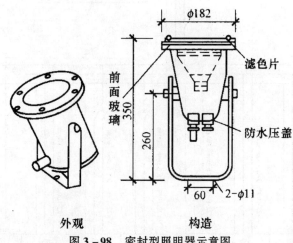

图 3 - 98 密封型照明器示意图

图 3 - 98 为密封型照明器示意图，从图中可以了解以下内容：

1) 密封型照明器顶部有一滤色片，滤色片下还有一玻璃灯罩密封。

2) 底部用防水压盖与其结合。

3) 整个构造高约 350mm，直径为 182mm。

实例94：变电箱安装示意图识读

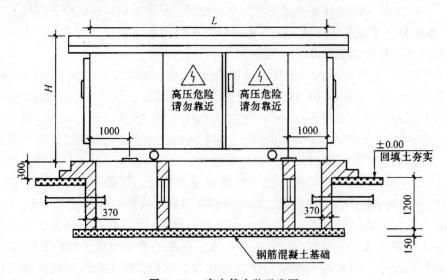

图 3 - 99 变电箱安装示意图

图 3-99 为变电箱安装示意图，从图中可以了解以下内容：

变电箱下的钢筋混凝土基础厚为 150mm，混凝土支座距夯实土地面为 1200mm，混凝土支座厚度为 370mm。

实例 95：某屋顶花园的供电、照明平面图识读

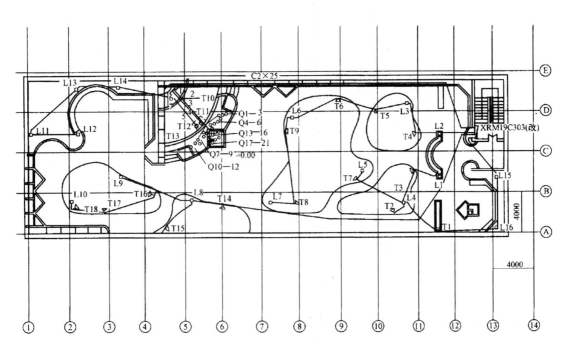

代号	名称	型号	数量	备注
□ Lx	庭园灯	SD-L014/100W	16	
▽ Tx	授光灯	SD-G002/100W	18	
○ Qx	潜水灯	SD-G026/80W	21	红4绿4 蓝6黄7
Cx	串珠灯	2×25m/60W/m		

注：1.灯具选用广州实德灯具厂产品；
　　2.水下灯接线盘选用上海特种灯具厂产品；
　　3.穿线钢管预埋，管口距地10cm，用防水橡胶封口。

图 3-100 某屋顶花园的供电、照明平面图

图 3-100 为某屋顶花园的供电、照明平面图，从图中可以了解以下内容：

1）庭园灯 16 盏，授光灯 18 盏，潜水灯 21 盏，串珠灯 21 盏及它们在园林中的具体位置。

2）图中还注明灯具选用，接线盘选用的厂家及穿线钢管预埋深度。

实例 96：避雷针在屋面上安装示意图识读

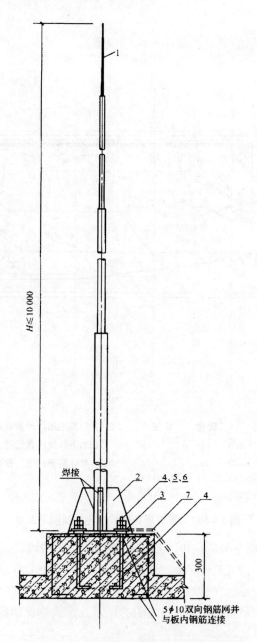

图 3 – 101　避雷针在屋面上安装示意图

1—避雷针　2—肋板　3—底板　4—地脚螺栓（$\phi16$，$l=380mm$）
5、6—螺母、垫圈（M16mm）　7—引下线

图 3 – 101 为避雷针在屋面上安装示意图，从图中可以了解以下内容：

1）平屋顶上的避雷针由肋板和地脚螺栓固定在屋面上。

2）避雷针高度应小于或等于 10m。

实例 97：避雷引下线的断接卡做法示意图识读

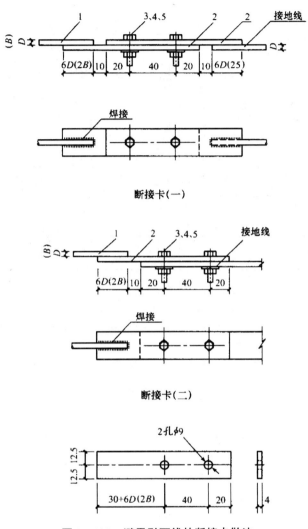

图 3-102 避雷引下线的断接卡做法

1—引下线 2—断接卡 3、4、5—镀锌螺栓

图 3-102 为避雷引下线的断接卡做法示意图，从图中可以了解以下内容：

1）断接卡上设有 2 个 $\phi9$ 的圆孔，孔间距为 40mm，圆孔距接地线边为 20mm，第一边圆钢时为 30mm 加 6 倍圆钢直径，接扁钢时为 2 倍的扁钢宽度。

2）断接共用配套的镀锌螺栓将接地线与引下线相接。

实例98：某居住小区室外给水排水管网平面布置图识读

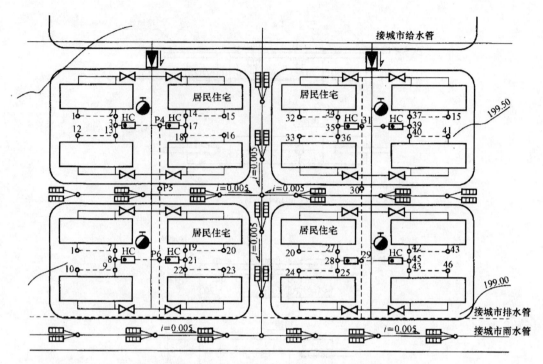

图3-103　某居住小区室外给水排水管网平面布置图

图3-103为某居住小区室外给水排水管网平面布置图，从图中可以了解以下内容：

1）查明管路平面布置与走向。通常，给水管道用中粗实线表示，排水管道用中粗虚线表示，检查井用直径2~3mm的小圆表示。给水管道的走向是从大管径到小管径，与室内引水管相连；排水管道的走向则是从小管径到大管径，与检查井相连，管径是直通城市排水管道。

2）要查看与室外给水管道相连的消火栓、水表井、阀门井的具体位置，了解给排水管道的埋深及管径。

3）室外排水管的起端、两管相交点和转折点均设置了检查井。排水管是重力自流管，故在小区内只能汇集于一点而向排水干管排出，并用箭头表示流水方向。从图中还可以看到，雨水管与污水管分别由两根管道排放，这种排水方式通常称为分流制。

实例99：某环境给水排水管道平面图识读

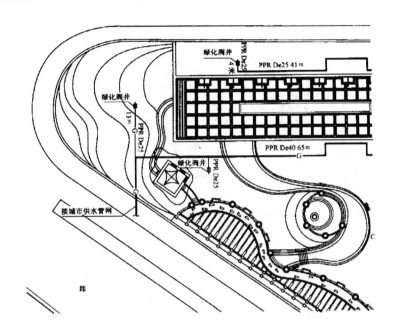

（a）给水管网

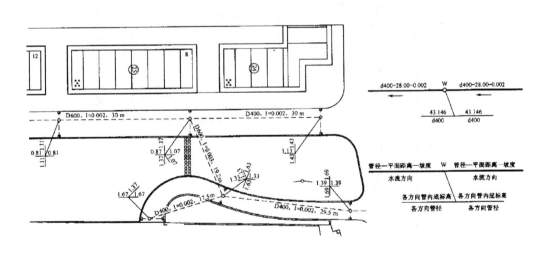

（b）排水管网

图3-104　某环境给水排水管道平面图

图3-104为某环境给水排水管道平面图，从图中可以了解以下内容：

1）给水管道的走向是从大管径到小管径。

2）排水管道的走向是在各检查井之间沿水流方向从高标高到低标高敷设，管径是从小到大。

实例100：跌水喷泉给水排水管道平面图识读

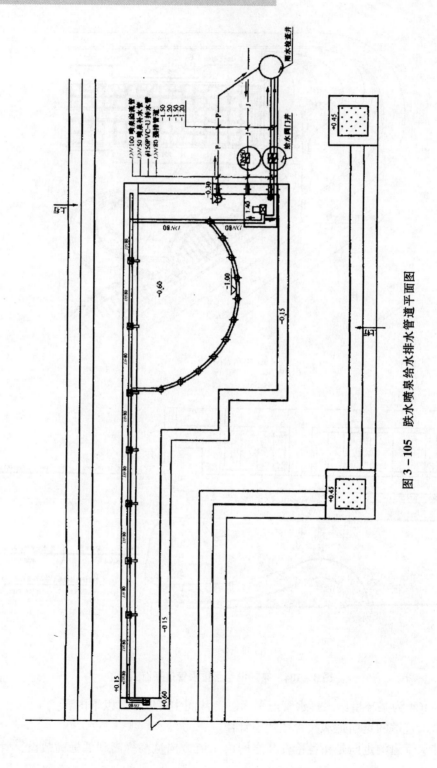

图 3 – 105　跌水喷泉给水排水管道平面图

图 3-105 为跌水喷泉给水排水管道平面图，从图中可以了解以下内容：

1）该图显示了喷泉水池溢流管、喷泉补水管、排水管、强排管的位置、管径和标高，阀门井、检查井的位置，水池壁、底和地面的标高。

2）该图还显示了给水主、支管线的标高和连接位置以及喷头布置情况。

实例101：跌水喷泉给水排水系统图识读

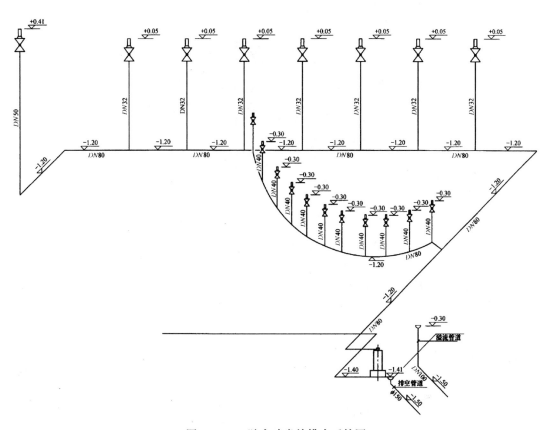

图 3-106　跌水喷泉给排水系统图

图 3-106 为跌水喷泉给排水系统图，从图中可以了解以下内容：

该图详细表现了喷泉溢流管道口、排空管道口的标高和管径，潜水泵位置标高，各喷头的标高，主、支管线管径、标高和连接位置。

实例102：给水引入管穿过基础安装详图识读

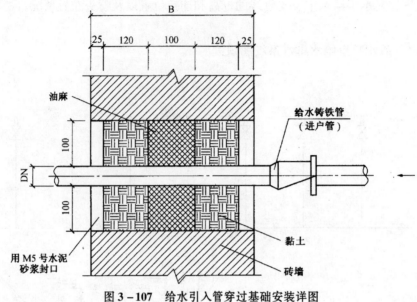

图3-107　给水引入管穿过基础安装详图

图3-107为给水引入管穿过基础安装详图，从图中可以了解以下内容：

1）图样以剖面的方法表明引入管穿越墙基础时，应预留洞口。

2）管道安装好后，洞口空隙内应用油麻、黏土填实，外抹M5的水泥砂浆以防止室外雨水渗入。

实例103：排水管道纵断面图识读

高程(m)	4.00 3.00 2.00		d380 DN380	DN100	d380	DN100
设计地面标高(m)		4.10		4.10		4.10
管底标高(m)		2.75	2.525 2.575		2.725 2.375	
管道埋深(m)		1.35	1.525		1.725	
管径(m)			d380	d380		d380
坡度				0.005		
距离(m)			35	40		25
检查井编号			P4	P5		P6
平面图			○	○		○

图3-108　排水管道纵断面图

图 3 - 108 为排水管道纵断面图，从图中可以了解以下内容：

1）上部为埋地敷设的排水管道纵断面，其左部为标高尺寸，下部为有关排水管道的设计数据表格。

2）读图时，可直接查出有关排水管道每一节点处的设计地面标高、管底标高、管道埋深、管径、坡度、距离、检查井编号等。例如，编号 P5 检查井处的设计地面标高为 4.10m，管底标高 2.575m，管道埋深为 1.525m。

参 考 文 献

[1] 中华人民共和国住房和城乡建设部. 房屋建筑制图统一标准 GB/T 50001—2010 [S]. 北京：中国计划出版社，2010.

[2] 中华人民共和国住房和城乡建设部. 建筑制图标准 GB/T 50104—2010 [S]. 北京：中国计划出版社，2010.

[3] 中华人民共和国建设部. 风景园林图例图示标准 CJJ 67—1995 [S]. 北京：中国建筑工业出版社，1996.

[4] 张柏. 园林工程快速识图技巧 [M]. 北京：化学工业出版社，2012.

[5] 马晓燕，冯丽. 园林制图速成与识图 [M]. 北京：化学工业出版社，2010.

[6] 吴机际. 园林工程制图 [M]. 广州：华南理工大学出版社，2009.

[7] 李随文，刘成达. 园林制图 [M]. 河南：黄河水利出版社，2010.

[8] 谷康，付喜娥. 园林制图与识图（第二版）[M]. 南京：东南大学出版社，2010.

[9] 周静卿，孙嘉燕. 园林工程制图 [M]. 北京：中国农业出版社，2008.

[10] 乐嘉龙，李喆，胡刚锋. 学看园林建筑施工图 [M]. 北京：中国电力出版社，2008.